열대과일 시리즈 Ⅳ

리 치

LYCHEE

열대과일 시리즈 Ⅳ

리 치

LYCHEE

장덕기 · 박준근 · 안기완 · 안영상

D. K. Jang, J. K. ParK, K. W. An, Y. S. Ahn

전남발전연구원

서 문

아열대지역의 과일을 왜 우리나라와 같은 곳에서 다뤄야 하는가? 우리나라가 과연 아열대성(亞熱帶性) 기후지역인가? 미국의 온라인 백과사전(Wikipedia)에서 최근 아시아의 다습한 아열대성 기후에 관한 글이 실렸는데, 여기에 한국의 남해안지역을 아시아의 아열대성 기후지역에 포함시키고 있다. 제주도와 전남 및 경남 남해안이 아열대에 포함되었으며, 이러한 아열대성 기후대는 점차 북상하고 있는 실정이다.

우리나라에서도 각종 작물의 재배지가 북상하고 있다. 강원도의 최북단 고성군에서는 녹차가 재배되기 시작했고, 제주도와 전라남도 함평군에서는 온실에서 망고가 재배되고 생산되기 시작하였다. 이제 우리나라도 기후변화의 영향을 직접적으로 받고 있는 것 같다. 지구온난화 현상이 진행되면 멀지 않는 미래에는 우리가 즐겨 먹고 있는 야채와 과일의 품목이 변할 것이라고 한다. 이러한 상황과 추세를 감안하여 농진청에서는 부가가치가 있는 아열대 작물과 과일 등을 선정하여 농가보급에 필요한 재배기술 개발 및 연구 등을 수행하고 있다. 그러나 우리나라에서는 기후변화에 대응한 열대 작물 및 과일에 대한 서적이 거의 없는 실정이다.

리치(Lychee)는 딱딱한 적색 껍질을 벗기면 반투명의 하얀 과육과 함께 달콤한 과즙이 풍부한 과일이다. 한입에 먹기 좋은 크기와 탄력 있는 과육 때문에 처음 리치를 맛본 사람들은 쉽게 그 맛을 잊지 못한다. 또한 리치는 당분, 비타민, 지방, 구연산, 철 등의 무기 영양소가 풍부하게 함유된 종합영양제같은 과일이며, 수분 공급과 피부 개선 및 콜라겐 생성을 도와주는 미용 과일로 유명하다. 특히 리치의 비타민은 혈액순환을 촉진시켜 여성 피부미용, 변비에 좋아 술, 담배를 즐기는 성인 및 여성들에게 탁월한 과일로 알려져 있다. 따라서 중국에서는 리치를 과일의 여왕이라 불리고 있으며, 당나라시대의 절세미인 양귀비(楊貴妃)가 좋아했던 과일로 유명하다.

이제는 관행적인 작물재배 보다는 새로운 농업으로서 열대 또는 아열대 작물 재배를 통한 새로운 도전을 해야 할 시기가 도래하였다고 생각한다. 그래서 본서의 저자들은 이와 같은 기후변화를 감안하여 『팜오일』(Palm Oil, 2010), 『두리안』(Durian, 2012), 『망고』(Mango, 2012) 그리고 『아보카도』(Avocado, 2012) 등과 같은 열대과수에 관한 저서를 집필하였으며, 이어서 『리치』(Lychee)에 관한 본 저서를 기획하게 된 이유라고 할 수 있다.

마지막으로 베트남의 리치 자료 수집과 현지 방문에 도움을 주신 주 호치민 박상순 영사님, 이동철 사장님, Tran Cao Anh씨, Nguyen Ngoc Nana씨 그리고 캄보디아 Mean Chey University 교수진들의 따뜻한 환대와 적극적인 연구 협조에 감사드린다. 특히 바쁜 일정에도 많은 도움을 주신 Dr. Tong So Cheath와 Dr. Sok San Hou에게 깊은 감사를 드리고 싶다. 무엇보다도 본 연구를 격려하고 지원해 준 「전남발전연구원」의 이건철 원장님께 심심한 사의를 표하는 바이다.

2013년 10월 전남대학교 용봉캠퍼스

저자 일동

① 베트남 리치농장(위)과 캄보디아 리치농장(아래)

② 리치 재배를 위한 관개시설 및 퇴비제조 시설

③ 베트남(위)과 캄보디아(아래)의 과일 시장

④ 리치의 맛과 향이 비슷한 용안(Longan, 위)과 람부탄(Rambutan, 아래)

⑤ 베트남 열대과일 및 채소 가공회사

⑥ 캄보디아 열대과일 및 채소를 이용한 식품 개발 및 제품 검사 연구실

⑦ 캄보디아의 리치 주스(위)와 도로 표지판의 광고(아래)

☜ 앞쪽사진

① 열대과일 리치를 연구하기 위해 베트남과 캄보디아 농장 견학

② 캄보디아 북부지역의 리치 농장을 견학하여 재배 현황 및 시설에 관한 지식을 체득하고 정보 수집

③ 리치의 판매현황 및 유통구조를 파악하기 위해 열대과일 시장을 방문하여 최신정보 수집

④ 리치와 유사한 용안과 람부탄 농장 견학

⑤ 베트남에서 생산된 열대과수 및 채소 등을 가공하여 전세계에 수출하는 가공 공장 견학

⑥ 캄보디아에서 생산된 열대과수 및 채소 등을 이용한 식품 개발 및 제품 검사 연구실 견학

⑦ 캄보디아에서 판매되고 있는 리치 주스와 도로 표지판의 광고

목 차

리치 (LYCHEE)

중국 리치(귀메이 품종)

Chapter 1.

리치는 어떤 과일인가?

리치(Lychee : *Litchi chinensis*)[1]는 무환자나무속(屬)의 유일한 과수(果樹)이다. 원산지는 열대 및 아열대지역으로 주로 중국의 남부지역과 타이완 그리고 베트남 북부 그리고 말레이시아에 이르는 동남아지역이지만, 지금은 세계의 많은 곳에서 재배되고 있는 실정이다. 리치의 꽃은 향기가 좋을 뿐만 아니라, 신선과일의 하얀 과육은 향기롭고 달큼하다. 그러나 리치를 통조림으로 가공하면 과일 고유의 향기가 없어지기 때문에 생과로 소비되고 있는 추세이다.

1 리치는 Lychee, Litchi, Leechee, Lichee, Lichi, Laichi, Lichu, Lizhi 등의 이름으로 사용되기도 하며, 이와 유사한 과일은 아키(Akee), 용안(Longan), 람부탄(Rambutan), 풀라산(Pulasan), 피지 용안(Fijian longan) 등이 있다.

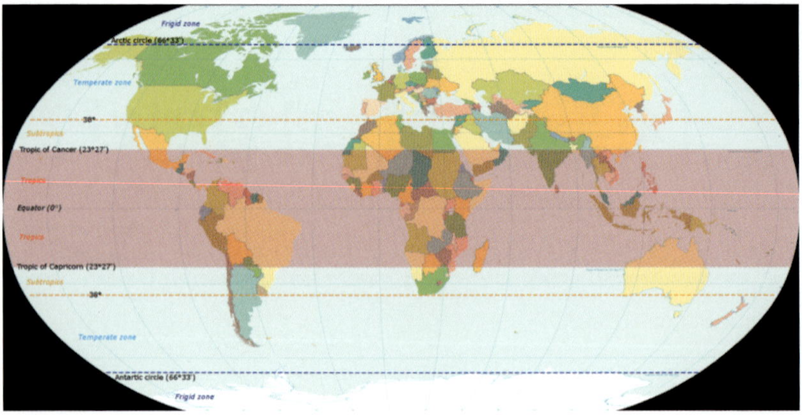

(http://en.wikipedia.org/wiki/File:World_map_indicating_tropics_and_subtropics.png)
열대 및 아열대지역

개요[2]

리치는 중국과 동남아 많은 지역에서 매우 인기가 높아서 오랜 재배 역사를 지니고 있는 과수이다. 현재 리치는 다양한 디저트로 이용되고 있으며, 특히 중국, 아시아 남부지역, 인도 그리고 동남아시아지역에서 인기가 매우 높다. 비공식적인 기록에 의하면 기원전(BC) 2000년 전부터 재배된 것으로 알려져 있다. 그리고 기원후(AD) 약 1600년경부터 리치가 열대 및 아열대지역의 많은 곳으로 전파되었다. 그러나 기후에 민감한 수종이라 열대 또는 아열대지역 중에서도 많은 지역에서 개화 또는 열매가 결실되지 않는 과수이다.

리치는 상록수로서 수고(樹高)가 최고 30m 정도까지 자라지만 일반적으로 약 9m 내외이다. 과일의 크기는 길이가 최고 5cm와 폭이 4cm 정도이고, 표면은 핑크빛의 붉은색이며 거친 외피(外皮)로 되어있다. 이 외피는 먹을 수 없으나 쉽게 제거할 수 있다.

2 http://www.fao.org/docrep/005/AC684E/ac684e04.htm

과수 및 과일의 표면과 과육

중국 남부와 베트남 북부지역에서 재배되기 시작된 리치는 열대지역과 따뜻한 아열대지역에 넓게 분포하고 있는데, 이와 비슷한 과수는 람부탄(Rambutan, *Nephelium lappaceum* L.)과 용안(Longan, *Dimocarpus longan* Lour.)이 있다.

람부탄(위)과 용안(아래)

리치는 기원전 1500년부터 말레이인들의 후손들에 의해서 재배되어온 것으로 여겨지고 있다. 리치의 기원 및 주요 재배지는 북위 23°~27° 지역으로 중국 남부와 베트남 북부 그리고 말레이시아 등지로 알려져 있다. 중국의 리치 재배 역사는 약 2000년 전부터이고, 이후 17세기말 미얀마로 전파되어 점차 인도와 태국으로 전파된 것으로 추정된다. 그리고 1870년경에는 다시 마다가스카르(Madagascar)와 모리셔스(Mauritius)로 전파되었고, 1873년 중국 상인에 의해서 하와이로 전파되었다. 그리고 1870~1880년 사이에 인도에서 미국 플로리다에 그리고 1897년에 캘리포니아에 도입이 되었다. 리치가 호주에 도입된 것은 아마도 중국이민자들에 의해서 1954년에 도입된 것으로 추정하고 있으며, 1930~1940년 사이에 이스라엘로 전파가 되었다. 오늘날에는 중국을 비롯하여 타이완, 태국, 인도, 마다가스카르, 모리셔스, 리유니온(Reunion) 그리고 호주가 리치의 주요 생산국으로 알려져 있다.

(http://business.mega.mu/2012/11/01/harvest-2012-first-season-lychee-rs-800-kilo/)
모리셔스에서 수확된 리치

(http://www.sonirodban.com/thailand-top-car-exporter-to-reunion.html)
마다가스카르, 모리셔스 및 리유니온

리치재배 현황

현재 리치의 주요 재배지는 중국 남부의 북위 18°~31°N 사이와 동경 101°~120°E 사이에 분포되어 있는데, 그 가운데서도 주요 상업용 생산지역은 북위 19°~24°N 사이에 위치해 있다(Wu, 1998). 중국 남부지역에서 리치산업은 1980년대부터 주요산업이 되었다. 무엇보다도 약 32만여 명의 많은 근로자들을 리치산업에 종사하고 있다.

중국의 재배면적은 1999년에 약 53만ha이었고 생산량은 약 95만 톤이었다. 그리고 2001년에는 약 130만 톤의 리치를 생산하였다.

(http://www.topguilintravel.com/pic/guilin-map/map-of-china.jpg)
중국남부의 리치 재배지역

세계에서 가장 오래된 리치의 재배역사를 지니고 있고 생산량도 단연 세계 최고수준을 유지하고 있다. 광동성(Guangdong)은 중국에서 리치가 가장 많이 재배되고 있는 지역이며, 그 외에도 광서성(Guangxi), 복건성(Fujian), 해남성(Hainan) 그리고 운남성(Yunnan) 등지에서 많이 재배되고 있다(FAO, 2002a).

인도에서는 리치가 주로 비하르(Bihar), 웨스트 벵갈(West Bengal), 그리고 우타르 프라데시(Uttar Pradesh) 지방에서 재배되고 있는데 비교적 영세한 규모로 재배되고 있다. 지난 2001년의 자료에 의하면 약 56.2천ha의 면적에서 약 43만 톤 정도의 리치를 생산하고 있는 것으로 보고되고 있다(FAOa, 2002).

베트남의 북부는 원래 리치의 기원지이며, 하노이(Hanoi)지역 인근에서 수세기 동안 상업용으로 재배되었고 최근 몇 년 동안에 생산량이 빠르게 증가하고 있다. 총재배면적은 약 25천ha 정도인데, 그 중에서 약 10천ha 정도가 열매를 수확할 수 있고 생산량은 약 5만 톤 정도이다.

태국에서는 주로 북부지역에서 리치가 재배되고 있는데, 이 지역의 기후는 아열대지역으로 분류되는 곳이다. 주된 리치 생산지역은 북부의 챵마이(Chiang Mai), 챵라이(Chiang Rai), 파야오(Phayao) 그리고 난(Nan)지역이며, 그리고 중부지역의 사무트 쏭크람(Samut Songkhram) 지역이다. 지난 2001년에는 22.2천ha에서 약 85.1톤의 리치를 생산하였다.

타이완의 경우에는 리치가 주로 중남부지역에서 재배되고 있고 재배면적은 12천ha 정도이며, 결실하는 개체는 11,500 그루 정도이

(http://www.kohphiphithailand.com/lychee-fair.php)
(http://blog.daum.net/huoguo/1654685)

태국 챵라이의 리치 박람회 및 리치수확 모습

(http://www.nationsonline.org/maps/south_east_asia_map.jpg)

리치가 재배되는 동남아지역

다. 수확량은 약 10.9만 톤으로 비교적 적은 양을 생산하고 있다 (Anon., 2000).

호주에 리치가 전파된 것은 60년 전이지만 주요 상업용 리치의 식재는 1970년대에 시작되었거, 현재는 약 350명 정도의 리치 생산자들이 매년 약 3천 톤의 리치를 생산하고 있다. 리치의 절반정도는 퀸스랜드(Queensland) 북부에서 재배되고, 나머지는 뉴사우스웨일즈(New South Wales) 북부에서 재배되고 있다(Menzel, 2000).

리치재배의 기후조건

리치는 따뜻한 아열대지역을 선호하여 건조하고 서리가 내리지 않는 겨울이 짧고 강수량이 많으며 습도가 높은 여름이 장기간인

지역이 재배 및 생산에 유리하다.[3] 리치 생산이 가능한 나라는 많지 않으며, 또한 과일 생산량도 다른 열대과일에 비해 매우 적은 실정이다. 이러한 현상은 개화기(開花期) 이전에 성장을 저해하는 기후적인 영향 때문이다.

리치의 불규칙적인 개화는 기후와 붉은 신초(flushing)의 생장과 관련이 깊다. 신초가 생장하는 시기에 기온이 20℃ 이하인 경우 꽃이 개화되기 시작한다. 그러나 신초가 생장하는 시기에 기온이 상승하여 더워지거나 반대로 추운 날씨가 지속되면 붉은 신초는 생식생장(개화)을 하지 않고 영양생장(길이생장)을 하게 된다(Batten and McConchie, 1995; Menzel and Simpson, 1994).

호주의 퀸스랜드 남부지역에서는 겨울의 서리가 개화 및 과일의 생산에 피해를 주고 있다. 중국의 경우 일반적으로 개화기의 일기조건이 춥고 흐린 상태가 많은데, 이러한 해에는 수정(受精)이 잘 이루어지지 않아 과일 생산량이 감소한다. 또한 인도 북부의 리치 생산지역에서는 봄과 초여름 날씨가 뜨겁고 건조하여 꽃이 완전히 개화하지 못하거나, 수정이 되어 과일이 형성되더라도 미성숙과가 되어 낙과되거나 과일이 쪼개지는 현상이 발생한다. 이것은 리치가 뿌리에서 잎으로 수분을 전달하는 능력이 낮기 때문으로 토양에 수분을 공급하는 것만으로는 수분스트레스 발생을 막기 어렵다.

태국에서는 개화에 필요한 온도에 따라서 품종을 두 그룹으로 나누어 재배하고 있다. 첫번째는 태국의 중부지역에서 재배하는 품종으로 개화하는데 서늘한 기간이 불필요하거나 짧은 경우이다. 두번

3 아열대 기후(subtropical climate)란 최한월(最寒月) 평균기온이 5.1℃ 이상이면서 월평균기온 20℃ 이상인 날이 120일 이상인 지역의 기후이다. 이러한 구분에 의하면 제주(산간제외)는 완전한 아열대에 해당한다. 기상청 보고에 따르면 2020년부터 우리나라 남부지방 전체가 아열대 기후가 된다고 한다. 국립기상연구소는 지난 80년간 우리나라 겨울은 지역에 따라 약 22~49일 짧아졌고, 봄은 6~16일, 여름은 13~17일 길어졌다고 밝혔다.

째는 태국의 북부지역에 적합한 품종으로 개화를 위하여 서늘한 기간이 비교적 길게 필요한 품종이다.

인도의 비하르지역에서는 리치 생산면적의 40% 이상을 차지하는데, 이 지역의 리치 품종은 개화기에 서늘한 기온이 유지되어야 개화가 촉진된다. 그러나 비하르 동쪽의 웨스트 벵갈지역에서는 개화기에 기온이 높고 건조한 기후조건이 때때로 발생되어 과일 생산을 제한하기도 한다.

식재밀도와 양분

일반적으로 리치는 9m×12m, 10m×12m 또는 12m×12m의 간격으로 ha당 약 70~80 그루 식재를 권장한다. 이와 같은 식재밀도는 10~15년 후에 높은 생산성을 갖게 하지만, 어린 묘목시기에는 빈공간이 많아 토지를 낭비하게 한다. 그래서 캄보디아 북부지역에서는 리치가 식재된 빈 공간에 고추 등을 재배하여 토지의 생산성을 높이고 있다. 과거 인도, 호주, 태국 및 중국 등에서는 ha당 80~150 그루 정도 식재하였으나, 최근 호주에서는 4m×8m, 4m×6m, 또는 7m×3m 등의 간격으로 식재해서 ha당 200~600 그루 정도를 식재하고 있다 (Menzel et al., 2000).

중국에서는 1980년대부터 리치를 5m×4m 또는 6m×5m 간격으로 식재하여 ha당 330~500 그루를 재배하고 있다. 심지어 일부 과수원에서는 더 좁은 간격(3m×2.5m)으로 식재하여 ha당 1,500 그루를 재배하고 있다(Chen and Huang, 2000). 그리고 인도에서는 평방, 산울타리, 두 줄 식재, 클러스터 식재 등의 방법과 ha당 204~453 그루를 식재하는 방법 등을 '전(全)인도 공동연구'(All India Coordinated Research Project)를 통하여 시험하고 있다. 이 연구 결과에 의하면 산울타리

캄보디아 북부지역의 리치농장에서 고추를 재배하는 모습

방식으로 식재할 경우 초기 수확년도에 가장 이윤이 높은 것으로 나타났다.

리치에서 과실수확을 제한하는 요인 중의 하나는 적절한 영양관리 프로그램이 없다는 점이다. 질소(N)비료를 너무 늦게 또는 너무 많이 사용하면 겨울에 수목의 과도한 생장이 촉진하여 오히려 과일의 생산성을 저감시키고 있다. 물론 질소(N)와 칼륨(K)의 결핍이 발생하거나 또한 아연(Zn)과 구리(Cu) 등이 부족할 경우 과일의 착과(着果)와 성장을 제한하여 생산성이 저하되기도 한다. 잎의 영양분 기준이 중국, 호주, 태국 및 인도에서는 존재하지만 리치 생산자들은 흔히 이러한 기준을 무시하고 나뭇잎들의 크기, 과일의 수량 및 수령(樹齡) 등에 기초하여 시비(施肥)를 실시하고 있다.

중국의 연간 비료 권장량은 5년생의 묘목을 기준으로 할 때, 요소

0.6kg, 과인산 비료(super-phosphate) 1.2kg, 염화칼슘(potassium chloride) 0.6kg이며, N:P:K 비율은 1:0.96:1.3을 추천한다. 비료는 일반적으로 3단계로 분리해서 사용하는데, 개화기(1월 초·중순), 과일성장기(5월 초·중순) 그리고 과일이 빨리 익도록 촉진할 시기(6월말~7월)에 비료를 사용한다.

그러나 대부분의 과수원에서는 비료를 소량으로 자주 시비하는데, 대개 토양 및 엽면(葉面) 시비를 10회 정도 한다. 호주에서는 수령(樹齡)과 나뭇잎이 우거진 상태에 따라서 시비스케줄이 정해져 있다(Menzel and Simpson, 1989). 그러나 이러한 시비량과 횟수는 하나의 지침에 불과하고, 나뭇잎과 토양의 분석에 따라서 적용되어야 한다. 추천 시비량은 수령 10~11년의 수관 폭 4.0~4.5m와 둘레가 12~16m 정도인 경우, 질소 500g, 인산 170g 그리고 칼륨 700g 정도이다. 여기에서 말하는 추천 질소비료 시비량은 화서(panicle)가 출현한 후에 절반 정도 사용하고 나머지 절반은 과일이 열리기 시작한 후에 사용해야 한다. 나머지 영양소인 인산과 칼륨은 화서가 형성된 후와 수확 후에 절반씩 사용한다.

인도에서는 리치의 수령에 따라서 시비스케줄이 정해져 있지만 생산지역에 따라 다양하다. 그러나 일반적으로 리치의 수령이 7~10년일 경우, 매년 질소 400~600g, 인산 200~300g, 칼륨 400~600g 그리고 유기퇴비(有機堆肥)를 40~50kg 정도 시비한다. 유기퇴비의 총량과 무기비료(無機肥料) 총량의 75%는 수확 후 6~7월에 시비하고, 나머지 무기비료의 25%는 열매가 콩과 같은 크기로 자란 4월초에 시비한다.

호주와 인도 그리고 태국의 북부지역에서는 리치의 개화기부터 수확까지 관개수를 이용한다. 호주의 많은 과수원에서는 일주일에 2~3회 정도 물을 공급하는데, 이는 너무 많은 양의 물을 소비하고 있는 실정이다. 만약 토양의 수분이 많은 지역에서는 이와 같은 관개방법이 비효과적일 수 있다. 그러나 건조한 지역에서 관개는 성공적인 개화, 화서형성 그리고 과일의 착과시기에 매우 중요하다. 인도에서는 리치 재배 지역의 토양수분이 30～45% 정도로 고갈되었을 때 관수할 것을 추천한다. 그러나 생산자들의 관수 방법은 개화부터 과실 수확 시기까지 7～10일 간격으로 관수를 하고 있다. 호주나 태국 북부 그리고 중국의 일부 지역에서는 점적(點滴) 관개가 되고 있지만 인도, 베트남, 방글라데시, 그리고 타이완 등지에서는 수

캄보디아 북부지역 과수원의 관수시설

로(水路) 관개를 이용하고 있다.

과일의 균열은 인도와 중국의 재배지에서 발견되는 주요 문제이다. 인도에서 재배되는 품종 중에서는 '얼리라지레드' (Early Large Red), '데시'(Deshi), '무자파르푸르'(Muzaffarpur) 및 '엘라이치'(Elaichi) 등이 균열에 취약하고(Mitra and Ghosh, 1991), 중국에서는 가격이 높은 '귀웨이'(Guiwei)와 '누오미씨'(Nuomici)와 같은 품종도 균열에 취약하다(Chen and Huang, 2000). 따라서 많은 농민들은 식물생장조절제와 종합관리를 통해서 과일의 균열 비율을 낮추고자 노력하고 있다(Li et al., 2000).

붉은 신초주기(Flushing Cycles)

리치는 붉은 신초가 생장하는 시기에 서늘한 기온을 유지하면 개화가 시작된다. 호주의 Olesen et al(2000)은 리치의 개화를 유도하는 방법을 다음과 같이 제시하였다. 먼저 전정을 통해 여름과 가을에 1~2개 정도의 붉은 신초를 유도하고, 이후 3~4번째 붉은 신초를 겨울철에 유도하는 것이다. 그리고 전기(前期)의 수확 이후에 붉은 신초의 발생을 방지하기 위하여서 가을에 물을 주지 않아야 한다. 그러면 겨울에 진입하면서 전정한 가지 바로 아래 부분에서 개화하기 시작한다. 물론 겨울철에 불필요한 붉은 신초를 제거하기 위하여 식물 생장 조절제인 에테폰(Ethephon)을 사용할 수도 있다.

겨울에 개화를 촉진시키기 위해 붉은 신초 발생을 억제하기 위한 '나선형 띠' 설치에 대한 긍정적 반응이 중국에서 보고되었다. 가지에 나선형 띠를 설치하면 개화량이 증가되고 과도한 낙과를 방지할 수 있으며 과일의 크기와 품질이 향상되었다. 나선형 띠는 개화를 위하여 겨울철에 나뭇잎들이 녹색으로 변하고 개화가 시작되는 단

리치의 붉은 신초

계와 꽃이 핀 직후의 착과 단계의 사이에 설치한다. '페이지샤오'(Feizixiao) 품종의 경우, 개화를 촉진하기 위해서 11월 중순에 직경이 10cm 정도의 가지에 나선형 띠를 설치하고, 귀웨이 품종과 누오미씨 품종은 11월 하순~12월 초순에 나선형 띠를 설치하면 좋다고 한다.

수확 및 생산성

리치 생산자들이 리치가 완전히 숙성될 때 수확하고 적절하게 포장하면 소비자들은 맛있는 과일향을 즐길 수 있다. 리치의 숙성은 총가용고체분(TSS)과 산(酸)의 비율,[4] 과일중량, 껍질의 색 등에 근

4 총가용고체분(TSS, total soluble solid)은 산(acid, 酸)이 차지하는 비율을 산출할 때 % acid(based on citric acid), 즉 'TSS/산%'의 공식으로 사용한다.

베트남 리치 수확 직후 모습

거하여 구분하고 있으며, 인도, 호주, 중국, 타이완 및 태국 등 대부분 국가에서는 상업용 품종들에 대한 표준화가 마련되어 있다. 일반적으로 리치 열매는 가지와 잎이 포함된 다발형태로 수확한다. 리치는 1~15톤/ha으로 생산성의 변화가 매우 심하게 나타내고 있다. 일반적으로 생산성은 타이완에서 ha당 9.4톤, 인도 7.63톤, 태국 3.83톤, 베트남 2톤, 중국 1.8톤 그리고 호주 1.66톤의 수준을 보이고 있다.

수확된 리치 열매들은 시간이 경과됨에 따라 건조되면서 갈색으로 변하기 시작한다. 이와 같은 문제를 해결하고 상품가치를 높이기 위해서 과피(果皮)의 색깔 보존과 과육 품질유지에 관한 방법은 수확 후 생물학적 연구에서 강조되어 왔다. 그래서 리치 껍질의 갈색화(褐色化) 문제와 색깔을 유지하는 연구에서 상당한 발전이 이뤄졌다. 껍질 색의 변화를 위해서는 과일을 습도가 높은 곳에서 저장해

리치 과일을 공격하는 곤충을 방제하기 위한 살충제

야 하며, 수확 후 가능하면 빠른 시간 내에 5℃ 수준으로 냉각시켜야 한다. 그래서 냉수 냉각기나 저온 보관실이 이런 목적을 위해서 흔히 사용된다. 또한 유황(硫黃) 훈증소독(燻蒸消毒) 방법이 리치 과피의 갈색화(褐色化)를 방지하고 과일 품질을 유지하기 위한 수확 후 관리기술로 이용되고 있다. 그러나 화학적 유황 잔유물과 불쾌한 맛 때문에 과학자들과 소비자들이 유황 훈증소독 방법을 기피하는 경향을 보이고 있다.

전세계적으로 연간 약 211만 톤 정도의 리치가 생산되고 있는데, 거의 95% 이상이 아시아에서 재배되고 있다. 아프리카나 마다가스카르 및 호주 등과 같은 남반구에서는 약 5만 톤 정도를 생산하고 있으며, 비교적 소량의 리치가 미국, 멕시코, 중남아메리카에서도 생산되고 있다(Evans et al., 2004). 리치의 세계 5대 생산국은 중국, 인도, 타이완, 태국과 베트남인데, 중국이 최대 생산국이다(FAOb, 2002).

리치는 중국의 기록에 의하면 지금부터 적어도 4000년 전부터 재배되어 왔으며 중국의 궁중에서 별미로 애용되었을 정도로 매우 귀한 과일이다. 이는 과일의 생산성이 일정하지 못하고 적기 때문이다. 리치 생산에 있어서 주된 문제는 불규칙적인 개화와 과일이 잘 붙어있지 못한다는 것이고, 해거리 현상과 작은 크기 때문에 생산자들의 소득을 감소시킨다는 점이다. 또한 묘목을 식재하여 과일을 생산하기 위해서는 3~5년이 걸리지만, 수익을 위한 생산량 확보를 위해서는 7~8년 정도가 소요된다. 그리고 규칙적인 살충제(殺蟲劑) 처리를 통한 방제작업이 필요하며 일부 지역에서는 그물을 설치하여 새와 과일박쥐에 대한 대비책도 세워야 하는 등 관리가 까다로운 것도 생산량을 저감시키는 요인이다. 리치 과일은 후숙되지 않고 나무에서만 성숙된다. 즉 숙성되지 않은 과일을 실온에 놓아도 당도가 높아지지 않는다는 것이다. 그리고 수확 후에는 빠르게 부패되기 때문에 냉장시설이 없으면 과일의 저장 수명이 매우 짧다. 그렇기 때문에 유통을 위해서는 초기 시설비 투자가 필요하다.

리치의 분류

리치에 대한 이름은 프랑스의 박물학자 삐에르 소너라트(Pierre Sonnerat)에 의해서 만들어졌다. 리치는 상록수로서 수피는 회색바탕의 검정색이고 갈홍색의 가지를 소유하고 있다. 나뭇잎의 길이는 10~25cm 정도이며 2~4개의 잎이 쌍으로 달려있다. 꽃은 신초의 끝에 원추화서로 개화하고, 꽃은 10개 또는 그 이상의 클러스터 형태로 가지의 10~40cm에서 수 백 개의 작은 흰색, 노란색 또는 녹색의 꽃이 피는데 독특한 향기를 지니고 있다. 그리고 리치는 자웅

이주(雌雄異株)로서 암꽃과 수꽃이 각각 다른 나무에서 피는 암수딴그루이다.

열매는 수정된 이후 기후나 지역 그리고 품종에 따라 다르지만 일반적으로 개화한 이후 80~112일 사이에 익는다. 과일은 길이 5cm와 넓이 4cm 정도인데, 그 형태는 둥글거나 달걀모양 또는 하트 모양으로 다양하다. 익지 않을 때의 수피는 얇고 거칠고 녹색을 띄

리치 수형, 잎 및 꽃

클러스터 형태로 결실된 열매

지만 성숙되면 붉거나 핑크색을 지니며 겉이 매끈하거나 또는 작고 날카로운 융기가 표면에 형성된다.

그리고 수확 후 밖에 놓으면 건조되면서 갈색으로 변한다. 과일의 식용부분은 길이 1.0~3.3cm와 넓이 0.6~1.2cm로 짙은 갈색의 먹을 수 없는 씨앗을 감싸고 있는 하얀 과육인데, 이를 가종피(假種皮, aril)라고 부른다. 어떤 품종은 '닭의 혀'라고 불리는 주름진 발육부진 씨앗을 지녀 과육의 비율이 높은 경우도 있다. 이러한 경우는 사람이

(http://www.lycheesonline.com/photo.cfm?pid=18)

리치의 개화

먹을 수 있는 과육이 많기 때문에 소비자들에게 인기가 좋고 높은 가격에 거래된다.

리치는 꽃의 배열과 나뭇가지의 굵기, 과일 그리고 수술의 숫자에 의해서 다음과 같이 세가지 종류로 분류된다.

- **중국 리치(Chinensis)** : 유일하게 상업화된 리치 품종이다. 이 품종은 중국 남부, 방글라데시, 베트남 북부, 그리고 캄보디아에서 야생으로 자란다. 가늘고 작은 가지를 지니고 있고 과일의 표면은 2mm 정도의 융기가 돋아 있다.

(http://www.freshplaza.com/news_detail.asp?id=46011#SlideFrame_1)
중국 리치

● **필리핀 리치(Philippinensis)** : 필리핀과 파푸아 뉴기니(Papua New Guinea)에서 흔히 야생으로 서식하고 있으며, 거의 재배되고 있지 않다. 가늘고 작은 가지와 꽃에는 6~7개의 수술이 있으며, 긴타원형의

(http://www.stuartxchange.com/Litsiyas.html)
(http://idingu.com/wp-content/uploads/2013/05/Health-Benefits-of-Litchi-or-Lychee.jpg)
필리핀 리치

과일을 맺는다. 그리고 과일의 끝에 3mm 정도의 뾰족한 융기가 돋아나 있다.

● **자바 리치(Javanis)** : 말레이시아와 인도네시아에서 재배되고 있는 품종으로, 가지가 비교적 두꺼운 편이고 꽃의 수술은 꼭지가 없는 클러스터 형태로 7~11개 정도 달려 있다. 리치 과일의 표면은 최고 1mm 정도의 융기를 지니고 있으며 비교적 매끄러운 껍질을 지니고 있다.

(http://en.wikipedia.org/wiki/Lychee)
말레이시아 리치

리치와 양귀비

야생 리치를 재배하기 시작한 곳은 중국 남부지역, 말레이시아, 베트남 북부지역 등이다. 야생 리치는 아직도 중국의 광동성(廣東省)과 하이난섬(海南島)에서 자라고 있으며, 중국의 기록에 의하면 기원전 2000년부터 재배되기 시작한 것으로 알려져 있다.

(http://www.sanyaweb.com/sanya_map/images/chinaMap.gif)

중국 광동지역과 하이난섬

송나라(960~1279)시대에는 궁중에서 리치를 즐겨 먹었으며, 당나라의 6대 현종의 애첩이었던 양귀비(楊貴妃, 719~756)가 애호했던 과일이라고 널리 알려져 있다. 그래서 당시 현종은 많은 비용이 소요됨에도 불구하고 빠르게 달리는 말을 이용하여 광동지역에서 리치를 원거리에서 조달했다고 한다(Davidson et al., 2006). 왜냐하면 리치는 수확을 하면서부터 과일이 매우 빠르게 부패하기 때문이다.

(http://cafe.naver.com/shoeschina/4)
양귀비의 초상화

엠퍼러 품종

Chapter 2.

리치의 특징

맛과 영양분

리치과일은 과육 100g 당 비타민 C가 평균 72mg 정도 함유되어 있다. 그렇기 때문에 대략 10개 정도의 리치과일은 성인 하루 비타민 C의 요구량을 공급할 수 있다.[1] 성인 평균 1일 필요열량은 2,000칼로리라고 할 때[2], 리치 과육 한 컵은 미네랄 가운데 구리의 하루 필요량의 14%, 인의 9%, 칼륨 6%를 제공한다.

대부분의 식물성 식품처럼 리치는 포화지방과 나트륨 성분이 낮

---

1 http://en.wikipedia.org/wiki/Lychee

2 일반적으로 하루에 필요한 열량은 20~49세의 성인 남자의 경우 2,500칼로리, 20~49세의 성인 여자는 2,000칼로리 정도이며, 칼로리를 계산하는 방법은 다음과 같다(http://cafe.daum.net/dangout).

- 육체적 활동이 거의 없을 경우 : 표준체중 × 25~30 칼로리
- 보통의 활동을 하는 경우 : 표준체중 × 30~35 칼로리
- 심한 육체적 활동을 하는 경우 : 표준체중 × 35~40 칼로리

고 콜레스테롤이 없으며, 적당한 수준의 폴리페놀[3]을 함유하고 있다. 중국의 전통 의약에서는 리치가 열량이 많은 과일로 알려져 있지만 리치를 너무 과식할 경우에는 언어장애가 발생하거나 피부 가려움증이 나타날 수 있다고 경고하고 있다.

리치가 인체의 건강에 유익한 점을 더 구체적으로 설명하자면 다음과 같다(Chakula, 2013).

- **항암(抗癌)효과** : 리치는 암세포의 성장을 방지하기 때문에 암 치유에 도움이 된다. 중국 절강대학교(Zhejiang University)와 사천대학교(Sichuan University)의 West China Hospital에서 밝혀진 연구결과에 의하면 리치는 플라보노이드(Favonoid)[4]라는 항산화물질이 과육에 많이 함유되어 있는데, 이 플라보노이드가 유방암 예방에 매우 효과적이라는 것이다.[5]

- **올리고놀(Oligonol)** : 올리고놀은 리치과일에 풍성하게 발견되는 저분자중력의 폴리페놀으로 여러 가지 항산화제와 항인플루엔저 바이러스 효과를 지니고 있는 것으로 알려져 있다. 그뿐만 아니라 올리고놀은 인체 기관의 혈류를 향상시키고 체중을 감소시키며 해로운 자외선으로부터 피부를 보호한다.

---

3 폴리페놀(Polyphenols)은 우리 몸에 있는 활성산소(유해산소)를 해가 없는 물질로 바꿔주는 항산화물질 중 하나로 그 종류는 수천 가지가 넘는다. 주로 포도, 뽕열매, 복분자 등처럼 검붉은 열매에 많이 함유되어 있다. 이중 비교적 널리 알려진 것은 녹차에 든 카테킨(catechin), 포도주의 레스베라트롤(resveratrol), 사과·양파의 쿼세틴(quercetin) 등이며, 커피에 포함되어 있는 클로로겐산(chlorogenic acid), 과일에 많은 플라보노이드(flavonoid)와 콩에 많은 이소플라본(isoflavon) 등이 있다.

4 플라보노이드(Flavonoid)는 우리 몸에 이로운 물질 중 하나로서 비타민 P라고도 불린다. 콩, 곡물, 견과류에서도 발견되고, 신체 내에서는 항바이러스, 항히스타민, 항산화작용을 한다. 또 암 발생의 위험을 낮추어 주고 여러 가지 다양한 질병들의 발생을 예방하거나 치료에 도움을 준다.

5 http://nvaboutfruitii.blogspot.kr/p/lychee.html

● **칼륨**(Potassium)**과 구리**(Copper) : 리치는 칼륨과 구리와 같은 미네랄의 상당한 양이 포함되어 있다. 칼륨은 세포를 구성하는 중요한 성분이며 근육과 신체조직을 만드는 역할을 수행한다. 그리고 심장마비나 관상동맥성 심장병 예방에 도움이 된다. 구리는 인체 내에서 산소를 운반하는 적혈구 생산에 필요한 성분이기 때문에 순환계의 건강에 매우 중요하다.

● **비타민** C : 리치는 비타민 C가 매우 풍부한 과일이다. 리치 과일 100g은 1일 비타민 C 필요량의 119% 이상을 공급한다. 비타민 C는 출혈을 막고 상처를 치유하며, 우리 몸의 결합 조직의 주성분으로 뼈 · 피부 등에 있는 콜라겐(Collagen)을 생육하는데 필요하다. 또한 비타민 C는 심혈관 건강과 평균수명 연장에 기여하고 있다. 비록 많은 임상 데이터가 좀 다를지라도 흔한 감기와 같은 작은 감염이나 그것을 치료하는 방법으로 흔히 비타민 C를 대량으로 소비할 것을 추천한다. 리치과일은 오렌지보다 약 40% 더 많은 비타민 C를 함유하고 있다. 연구결과에 의하면 비타민 C가 풍부한 과일을 먹으면 전염성 매개체나 몸에 해로운 염증을 억제하는 등의 면역에도 도움을 주는 것으로 알려져 있다. 이처럼 리치 과일에 고단위로 포함된 비타민 C를 통해서 감기, 열, 쓰린 목의 고통이 있는 사람들에게 혜택을 줄 수 있다. 또한 리치는 영양과 건강향상을 위해서 식품을 정상적으로 소화시키도록 돕는 역할도 한다.

● **비타민** B, **티아민**(Thiamin), **나이아신**(Niacin), **엽산**(Folates) : 리치는 티아민, 나이아신, 엽산 등과 같은 비타민 B 복합체 그리고 리보플라빈(Riboflavin) 성분이 함유되어 있는 매우 좋은 식품이다. 이러한 비타민은 인체 내에서 탄수화물, 단백질, 지방 등을 화학분해하

는데 돕는 역할을 하기 때문에 매우 중요하며, 더불어 적혈구 생산을 돕는다. 비타민 B6는 단백질을 분해할 뿐만 아니라 신경세포의 기능을 유지하게 하며, 동시에 전반적으로 건강한 면역시스템과 특히 항체생산에 필수적인 성분이다.

● 리치에는 페놀 화합물로 항산화제(Antioxidant) 역할을 하는 폴리페놀(Polyphenols)이라는 성분이 함유되어 있다. 이 물질은 노화억제, 암과 당뇨병의 예방 그리고 심장병을 막을 수 있는 잠재력을 지니고 있으며, 임상적 데이터는 다소 이견이 있지만 연구가 진행중에 있다. 리치과일은 모든 과일 중에서 폴리페놀 성분이 딸기 다음으로 두번째로 높다는 연구결과가 '영양 저널'(Journal of Nutrition)이라는 학회지에 발표되었다.

● 리치는 당근보다도 더 높은 수준의 베타 카로틴(Beta-carotene)을 함유하고 있다. 이 베타 카로틴은 간과 다른 장기에 저장되며 면역체계를 강화시킨다. 천연적으로는 당근과 고추 등에 존재하며, 동물의 간에서는 비타민 A로 변한다.

● 리치 과일은 저칼로리, 불포화 지방, 저콜레스테롤이며 식이섬유가 풍부하다. 식이섬유는 과체중을 염려하는 사람들에게 매우 유용한 식품이며 배뇨와 소화를 촉진한다. 특히, 다이어트에 많은 노력과 관심을 기울이는 여성들에게는 유익한 과일로 알려져 있다.

(http://www.lichisuperfruit.com/category/lychee-2/)
(http://evgrieve.com/2011/07/innocent-east-village-neighborhood.html)
리치와 다이어트에 관한 광고

● 리치는 인체에 필수적인 탄수화물의 좋은 공급원이다.

Lychee의 영양가치(식용부분 100g)[6]

에너지(kcal)	66.0
탄수화물(g)	16.5
식이섬유(g)	1.3
지방(g)	0.4
단백질(g)	0.8
비타민 C(mg)	72(87%)
칼슘(mg)	5(1%)
마그네슘(mg)	10(3%)
인산(mg)	31(4%)

- 리치과일의 식용부분은 전체 중량의 60% 수준임.
- 비율(%)은 미국 추천 성인1인당 필요량 기준 대비 수준임.
- Source: USDA Nutrient Database

6 http://en.wikipedia.org/wiki/Lychee

● **의학적 사용 :** 리치는 위(胃)통과 기침을 완화시키고 종양, 내분비 샘 등의 기능을 향상시킨다고 한다. 그리고 중국에서는 씨앗의 경우 진통제 역할 및 신경통과 고환염의 치료에 사용하며, 인도의 경우도 씨앗을 분말로 만들어 장(腸) 질환 및 신경통을 완화시키는 용도로 사용하고 있는 것으로 잘 알려져 있다. 또한 리치껍질로 만든 차를 마시면 천연두 발병과 설사를 멈추게 하는 효과가 있으며, 뿌리, 수피 그리고 꽃을 달인 진액은 목의 질환을 완화시키기 위해 입 안을 양치질하기 위하여 사용되기도 한다. 리치의 뿌리는 미국 농무부(Unites States Deprtment of Agriculture)와 국립암연구소 항암검사 프로그램(National Cancer Institute Cancer Chemotherapy Screening Program)에서도 사용되고 있다(Morton, 1987).

상식 : 리치 추출물이 복부지방을 감소시킨다[7]

일본 훗카이도대학교의 최근 연구에서 리치의 저분자화 폴리페놀(Oligonol: 리치와 녹차에 함유된 강력한 항산화제)은 대사증후군이 있는 사람들의 복부지방을 감소시켜 주는 것으로 보고하였다. 이 저분자화 폴리페놀에 대한 임상실험을 위하여 복부둘레가 85cm 이상인 18명(남 14명, 여 4명)의 성인 자원자들을 두그룹으로 구분하여 즉 저분자화 폴리페놀을 투약한 그룹과 가짜약을 투약한 그룹으로 나누어 실험을 하였다. 각 그룹의 모든 참가자들은 10주 동안 매일 저분자화 폴리페놀의 캡슐(50mg)과 가짜약 캡슐(50mg)을 각각 하루 2회 복용케 하였다.

그 후 복부의 CT 촬영은 물론이고 신체검사와 피검사를 실시하여 저분자화 폴리페놀 복용 효과를 비교한 결과, 저분자화 폴리페놀을 복용한 그룹의 체중, 복부둘레 및 내장 지방량이 가짜약을 복용한 대조군보다 현저하게 감소하였다는 것이다. 그리고 저분자화 폴리페놀에 의하여 혈청수준의 향상과 더불어 인슐린 내성이 향상되어, 저분자화 폴리페놀이 내장 지방비만을 감소시킴으로 대사증후군을 개선시키고 있다는 것을 설명하였다.

---

7 Nishihira, J., M. Sato-Ueshima, K. Kitadate, K. Wakame and H. Fujii. 2009. Amelioration of abdominal obesity by low-molecular-weight polyphenol (Oligonol) from lychee, J. Funct. Foods 1(4): 341-348.

리치의 생육특성

● **성장습성 :** 리치는 잎이 풍성하고 수관이 원형이며 비교적 천천히 성장한다. 이상적인 생육조건 하에서는 수고가 27m까지도 생장할 수 있지만 일반적으로 그 보다 훨씬 작게 자란다. 그리고 줄기와 가지는 매끄럽고 회색이며 잘 부러지는 습성이 있다.

리치 과수원

● **잎 :** 새로 자란 잎은 발그레한 색을 지니며, 자라면서 윤기가 나고 밝은 녹색으로 변화한다. 그리고 잎이 풍성하면 가지가 지면으로 쳐지면서 자란다.

리치의 잎과 수관

● **꽃 :** 작고 꽃잎이 없는 연두색 꽃들이 가지의 말단부에서 클러스터를 형성하여 개화한다. 꽃이 피는 봄에 꽃들이 개화하면 그 모습이 아름다워 사람들의 눈길을 끈다. 개화한 이후 파리와 벌 등에 의해 수정(受精)이 되면 약 140일 후에 과일을 수확하게 된다.

(http://commons.wikimedia.org/wiki/File:Litchi_sinensis_flowers_02.JPG)
리치의 꽃

● **과일 :** 리치 열매는 가죽 같은 껍질 또는 과피(果皮)로 덮혀 있는데, 그 색깔은 분홍색 또는 붉은 딸기색으로 표면은 거칠다. 과일의 형태는 계란형과 심장형으로 거의 둥근 모양인데, 그 길이는 2.5~3.8cm 정도이다. 먹을 수 있는 과육, 즉 가종피(假種皮)는 하얗고 투명하며 단단하면서 다즙(多汁)한 속성을 지니고 있는데 그 맛은 달콤하고 향기롭다. 과육내에는 씨앗이 있는데, 그 크기는 품종에 따라 다양하다.

(http://wallpapersworldbd.blogspot.kr/2013/05/lychee-gift-of-nature.html)
리치 통조림

상품적 가치가 가장 좋은 품종은 '닭의 혀'로 불리는 작은 씨앗을 지니고 있는 것인데, 이 품종의 씨앗 길이는 1.3cm 이하로 매우 작다고 한다.

그리고 리치의 수확량은 해거리가 있으며, 과일의 표피가 벌어지는 것은 토양의 습도가 변화하면서 발생하는 것으로 알려져 있다.

리치의 농장관리

리치의 재배는 최저 −4℃ 이상의 기온을 유지하면서 서리가 없어야 한다. 또한 배수(排水)가 좋고 토양은 약한 산성이면서 유기물질이 풍부한 토양이 적절하다. 일반적으로 온도가 높은 지역에서는 조생종(早生種)의 품종이 적합하고, 온도가 상대적으로 낮은 지역에서는 만생종(晩生種)이 적합하다.

그리고 리치의 최적의 개화(開花)와 결과(結果)를 위해서는 계절적으로 온도 변화가 필요하다. 따뜻하고 습도가 높은 여름철은 개화와 과일의 발육에 적합하고, 꽃눈 발달을 위해서는 겨울의 한기(寒氣)가 필요하다. 일반적으로 리치는 냉기(冷氣) 기간이 100~200시간 정도 요구되는데, 이때의 온도[8]는 0~7℃의 범위이다. 따라서 서늘한 겨울철에 강우량이 적은 기후가 리치재배에 이상적이다.

수목의 목질부는 수령이 증가함에 따라 더욱 단단하고 강해진다. 성숙하여 목질부가 강해진 수목은 −4℃의 낮은 온도를 극복하지만 어린 유목(幼木)의 경우는 서리가 조금만 내려도 견디지 못하고 죽어버린다. 그래서 미국의 경우 서리가 없는 캘리포니아 해안지역에서 잘 재배되고 있으며, 샌디에고(San Diego)지역에서는 수령(樹齡)이 90년이 넘는 리치가 아직도 쇠하지 않고 건강한 모습으로 과일을 생산하고 있다[9].

리치는 동남아시아 시장에서 신선한 생과일로 판매되고 있으며,

---

8 섭씨(° C)와 화씨(° F)를 서로 변환하는 공식 :
[° C] = ([° F] − 32) × 5/9; [° F] = [° C] × 9/5 + 32

9 http://www.crfg.org/pubs/ff/lychee.html

최근에는 전세계적으로 슈퍼마켓에서도 폭넓게 유통되고 있다. 리치를 냉장시키면 붉은 껍질이 암갈색으로 변하지만 그 과일의 맛은 변하지 않는다. 또한 통조림 식품으로 가공되어 유통되고 있다. 그

건조시킨 리치

리고 과일은 껍질을 벗기지 않은 채로 건조시키면 과피는 밝은 갈색으로 변하고 과육은 검포도와 같이 줄어들고 검은색으로 변한다. 이렇게 건조된 리치를 흔히 '리치 너트'(Lychee nuts)하여 상품으로 판매되고 있다.

품종분류와 특성

리치의 품종은 다양하며, 같은 품종 내에서도 변이가 많이 발생하고 있어 품종을 분류한다는 것은 매우 어렵다. 왜냐하면 동일한 품종이지만 다른 기후조건하에서 재배될 경우에는 매우 다른 형태의 과일이 열리기 때문이다. 또한 동일한 품종의 경우, 지역에 따라서 서로 다른 이름으로 통용되고 있기도 하다. 호주와 동남아시아의 나라에서는 주로 중국산 리치의 품종명을 사용하고 있다. 미국의 경우는 대부분 하와이에서 개발된 그로프(Groff) 품종을 사용하고 있으며, 그 이외의 품종은 중국에서 수입하여 재배하고 있다. 남아프리카에서는 주로 모리셔스(Mauritius) 품종을 재배하고 있다.

리치는 약 200여 이상의 품종이 재배되고 있어 다른 과수보다 많은 품종이 존재하고 있지만 현재 8개 정도의 품종만이 상업용으로 재배되고 있다. 특히 '귀웨이'(Gwiwei)와 '누오미씨'(Nuomici) 품종은 각각 60천ha 이상씩 재배될 정도로 가장 광범위하게 재배되고 있다. 그리고 광동성에서는 '바일라'(Baila), '바이탕잉'(Baitangying), '헤이예'(Heiye), '페이지시아오'(Feizixiao), '귀웨이'(Gwiwei), '누오미씨'(Nuomici), '화이지'(Huaizhi) 등이 각각 20천ha 이상 재배되고 있다. 복건성(福建省)에서는 '란주'(Lanzhu) 품종이 25천ha의 면적에서 재배되고 있는 주요 품종이다(Chen and Huang, 2000).

타이완에서 가장 중요한 품종은 '학 잎'(Hak Ip)인데 전체 재배면적의 90% 정도를 차지하고 있으며, 남부지역에서는 '유헤르포'(Yu Her Pau), 중부지역에서는 '노미쑤'(No Mi Tsu)가 많이 재배되고 있다(Mitra et al., 2000). 또한 인도의 주된 리치품종은 '샤히'(Shahi), '봄바이'(Bombai), '차이나'(China), '데시'(Deshi), '캘커타'(Calcutta), '로즈센티드'(Rose Scented) 그리고 '마자파르푸르'(Mazaffarpur) 등이다(Ghosh et al., 2000).

(http://www.buyfruit.com.au/salathiel-lychees) (상좌)
(http://trec.ifas.ufl.edu/tfphotos/063004.htm) (상우/하)
살라티엘(상), 콰이 메이 핑크(하) 품종

호주에는 40여개가 넘는 리치 품종이 존재한다. 오늘날 북부 퀸스랜드(Nothern Queensland) 연안에서 재배되고 있는 품종은 '콰이 메이 핑크'(Kwai May Pink), '풰이 지 슈'(Fay Zee Siu) 그리고 '수에이 퉁'(Souey Tung) 등이다. 특히, 콰이 메이 핑크 품종은 '살라티엘'(Salathiel)과 '와이 치'(Wai Chee) 품종과 함께 북부는 물론이고 중남부 퀸스랜드(Central and Southern Queensland)와 북부 뉴사우스웨일즈(Northern New South Wales)에서 널리 재배되고 있다.

태국에서의 주요 품종은 '학 잎'(Hak Ip), '타이 소'(Tai So) 그리고 '와이 치'(Wai Chee) 등이 주로 재배되고 있는데, 와이 치는 지역에 따라 '바이둠'(Baidum), '홍 훼이'(Hong Huey) 그리고 '킴 쳉'(Kim Cheng) 등으로 알려져 있다. 그러나 태국에서의 리치는 열대 품종과 아열대 품종으로 크게 두그룹으로 구분되어진다. 열대 품종은 중부지역의 따뜻한 겨울철에 잘 적응하여 성장하는 품종으로 20여 품종이 있으

(http://www.evisa-vietnam.com/resources/blog/item/1090-the-lychees-of-thanh-ha-hai-duong)
티유탄하 품종을 수확 후 손질하는 모습

며, 반면에 아열대는 겨울에 서늘한 북부지역에서 잘 자라는데 약 10여개의 품종이 있다(Yapwattanaphun and Subhadrabandhu, 2000).

베트남의 북부 산악지역에서는 토종 품종이 있는데, 이들 대부분은 생산량이 낮고 과일은 신맛을 지니고 있다. '하테이'(Ha Tay) 지방에도 토종 품종이 재배되고 있는데, 주요 품종은 '티유탄하'(Thiew Thanh Ha), 교잡종 리치(Hybrid lychee) 그리고 '푸호'(Phu Ho) 등이다. 특히 티유탄하 품종은 가장 호평을 받고 있어서 리치 생산량의 90% 이상을 차지하고 있다. 그리고 호주에서 수입되어 '룩난'(Luc Ngan)과 '하쟝'(Ha Giang)지역에서 재배되었는데, 이 가운데서 '와이치'(Wai Chee)와 '쌀라티엘'(Salathiel)이 좋은 평가를 받고 있다. 이처럼 리치는 많은 품종이 있는데, 주요한 품종의 일부를 설명하고자 한다.

● **'벵갈'(Bengal) :** 인도의 캘커타에서 1929년에 미국으로 도입되었다. 과일은 '브루스터'(Brewster)와 비슷하지만 상대적으로 크기가 작은 종자를 지니고 있으며 긴 모양의 열매가 열린다. 과육은 단단하

(http://www.tropicalfruitnursery.com/lychee/pages/Bengal.htm)
벵갈 품종

고 깨끗하며 재배하기가 쉬운 품종이다.

● **'브루스터'(Brewster) :** 과일이 크고 원추형 내지 쐐기모양의 붉은 색인데 과육은 부드럽지만 약간 신맛이 나며 종자가 비교적 크다. 미국 플로리다에서 상업용 작물로 재배되고 있으며 중생종(中生種)이다. 수고가 높게 자라고 목재는 강하며 똑바로 자라는 품종이다.

(http://www.hawaiifruit.net/lycheebrix2/pages/brewster1.htm) (위)
(http://www.tropicalfruitnursery.com/lychee/pages/Brewster.htm) (아래)
브루스터 품종

● '그로프'(Groff) : 열매는 비교적 작고 검붉은 색을 지녔고 표면에 가시가 있으며, 같은 가지에 20~40개 정도의 열매가 클러스터 형태로 열린다. 종자는 비교적 작고 8~9월 경에 성숙하는 만생종(晩生種)이며 수고 생장은 비교적 곧게 자라는 특성을 지니고 있다.

(http://forums.gardenweb.com/forums/load/tropicalfruits/msg011944429321.html)

그로프 품종과 씨앗

● **'학 잎'(Hak Ip) :** 과일의 표피는 붉은 색 또는 엷은 녹색을 지니고 있으며 비교적 부드럽다. 과육은 연분홍색이며 상쾌할 정도로 당도가 높다.

(http://www.tropicalfruitnursery.com/lychee/pages/Hak%20Ip.htm) (위)
(http://www.lycheefruitstore.com/current.html) (아래)
학 잎 품종

● **'엠퍼러'(Emperor) :** 엠퍼러(황제) 품종의 열매는 골프공만큼 크다. 그리고 종종 '닭의 혀'(tongue of chicken)와 같은 크기가 작은 종자가 나타난다. 이 품종은 비교적 성장속도가 느려서 수고가 작으며, 4년 중에 3년간 열매를 맺는다. 엠퍼러는 어린 묘목의 시기에 쉽게 재배되지 않기 때문에 대표적 상업용 품종으로 발전할 수 없었다.

(http://www.tropicalfruitnursery.com/lychee/pages/Emperor.htm)
(http://healthbenefitstimes.com/9/uploads/2012/12/The-Emperor-lychee.jpg)
엠퍼러 품종

그러나 이 품종은 미국 플로리다와 캘리포니아지역에서 잘 자란다. 플로리다지역의 엠퍼러 품종의 종자는 색깔이 보라색에 가까운 색을 지니는 경우도 있다.

● **'모리셔스'(Mauritius, Kwai Mi) :** '콰이미'라고도 하는 품종인데, 조생종(早生種)이다. 과일은 중간정도의 크기이고, 약간 타원형이며 적갈색이다. 단단하고 고품질 열매를 맺으며, 종자는 마치 '병아리 혀'처럼 생겼다.

(http://www.lycheefruitstore.com/current.html)
모리셔스 품종

● **'노 마이 쩨'(No Mai Chee) :** 열매가 크고 붉은 색을 지니며, 중국에서 재배되는 품종 중에서 가장 우수한 품종이다. 종자는 비교적 작으며 건조하기 쉽다.

또한, 중국에서 인기 있는 품종으로는 '산유홍'(Sanyuehong), '바이탕잉'(Baitangying), '바일라'(Baila), '수동'(Shuidong), '페이지쇼'(Feizixiao),

(http://toptropicals.com/catalog/uid/LITCHI_CHINENSIS.htm)
노 마이 쩨 품종

'다조우'(Dazou), '헤이예'(Heiye), '뉴오미치'(Nuomici), '귀메이'(Guimei), '화이지'(Huaizhi), '란주'(Lanzhu), '센지'(Chenzi) 등이 있다[10].

10 http://www.chineseinterpreter.net/Guangzhou/?post=46

(http://www.lifeofguangzhou.com/node_10/node_35/node_524/2009/06/19/124540349566086.shtml)
(http://www.21food.com/products/chinese-fresh-baila-lychee-357616.html)
(http://forums.gardenweb.com/forums/load/tropicalfruits/msg011944429321.html)
귀메이(상좌), 뉴오미치(상우), 화이지(중) 및 바일라(하) 품종

● **'타이 싸오'(Tai Tsao)** : 태국에서 주로 재배되고 있는 품종이며 조생종이다. 열매는 달걀 형태이고 과피 거칠게 생겼으며, 과육은 선홍색이다. 과육의 맛은 상쾌하고 당도가 높으며 과육이 비교적 단단하지만 과피가 상하게 되면 과즙(果汁)이 새어나온다.

(http://www.ars.usda.gov/SP2UserFiles/Place/53200365/litchi/HLIT6W.jpg)
타이 싸오 품종

종자로부터 생산한 묘목

Chapter 3.

재배와 관리

재배적지와 관개

리치 농장은 햇볕을 충분히 받을 수 있는 곳이어야 한다. 그리고 어린 유목(幼木)의 경우는 높은 지열(地熱)이나 서리 및 강풍으로부터 피해를 입지 않도록 잘 보호되어야 한다. 특히 유목(幼木)을 식재를 한 다음에는 수분 유지를 위해 지표토양에 두꺼운 유기질 멀칭을 실시하면 좋다.

리치가 잘 자라는 토양은 유기물질이 풍부하고 배수가 잘되는 토양이다. 그래서 리치는 물이 흐르지 않고 고여 있는 지역에서는 생존하기 어렵지만 습기가 높은 토양을 좋아 한다. 그렇기 때문에 수목이 활발하게 성장할 때는 급수(給水)를 정기적으로 해야 한다. 또한 리치는 토양이나 물에 녹아 있는 염분에 매우 예민하다. 그래서 염분의 침투가 우려되는 지역에서는 급수하여 토양의 염분을 주기

(http://www.lycheesonline.com/photo.cfm?pid=144)

유기질 퇴비 제작시설 및 이식시 퇴비 시비

적으로 제거하여야 한다. 일반적으로 토양의 pH[1]는 5.5~7.5이면 재배가 가능하고 최적 pH 수준은 5.5 정도이다.

(http://www.lycheesonline.com/photo.cfm?pid=154)

리치의 이식과 관수 시스템

1 pH(Potential of hydrogen)는 '물질 속에 녹아있는 수소 이온(H^+)의 정도'를 나타낸다. 이는 산성도를 가늠하는 기준이 되는 척도인데, 그 농도가 높을수록 pH 값은 낮으며 강력한 산성물질임을 의미한다. pH 값이 7보다 적으면 용액은 산성이라 하며 pH 값이 7보다 큰 용액은 알칼리성이라 한다.

시비와 전정

리치의 어린 묘목은 성장이 느리기 때문에 대부분의 생산자들은 성장을 촉진시키기 위하여 많은 비료를 주는 경향이 있다. 그러나 어린 유목들을 생장시킬 때는 이들이 필요로 하는 비료의 양이 적기 때문에 소량 시비해야 한다. 그러나 성숙한 수목은 보다 많은 양분을 필요로 하기 때문에 봄철부터 늦은 여름철까지 주기적으로 시비를 해야 하며, 이때의 비료는 호산성(好酸性) 식물을 위하여 제조된 비료를 사용해야 한다. 알칼리성 토양 지역에서는 킬레이트화[2]된 철분(Chelated iron)과 토양 유황(Soil sulfur)이 효과적일 수 있다.

(http://forums.gardenweb.com/forums/load/tropicalfruits/msg0409254118139.html)
전정

---

2 킬레이트(chelate)화란 미네랄 성분이 흡수될 수 있는 형태로 변화되는 과정을 말한다. 이것은 자연상태에서 생물체의 미네랄 흡수 및 대사활동을 원활히 수행하기 위한 생명의 기본활동을 말한다.

유목의 시기부터 리치 열매의 수확이 용이하도록 전정을 잘 해야 한다. 특히 꼬이거나 상한 가지들은 곧바로 제거해야 한다. 물론 수목의 크기를 조절하기 위하여 전정할 수도 있지만 리치의 연약한 목질(木質)을 고려하여 V자형 가지 모양은 피하는 게 좋다.

번식

리치의 번식에는 꺾꽂이, 공중취목, 순접, 접목 등 다양한 방법이 있다. 그 가운데 가장 많이 사용되고 있는 공중취목법(air-layering)과 접목법(grafting)을 아래에 소개하고자 한다.

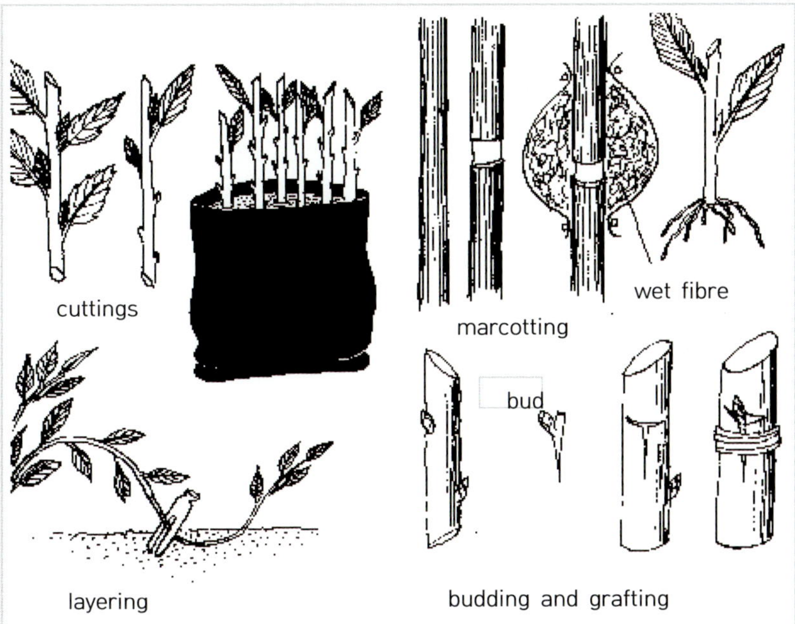

(http://www.uq.edu.au/_School_Science_Lessons/Foodgardens2.html)
다양한 접목방법

● **공중취목 또는 휘묻이법 :** 리치의 번식에 가장 흔하게 사용되고 있는 방법은 공중취목법 또는 휘묻이법이다. 이는 접목(grafting)에 의한 번식이 매우 어렵고, 종자번식을 통해서는 고품질 과일생산에 대한 신뢰성이 부족하기 때문이다.

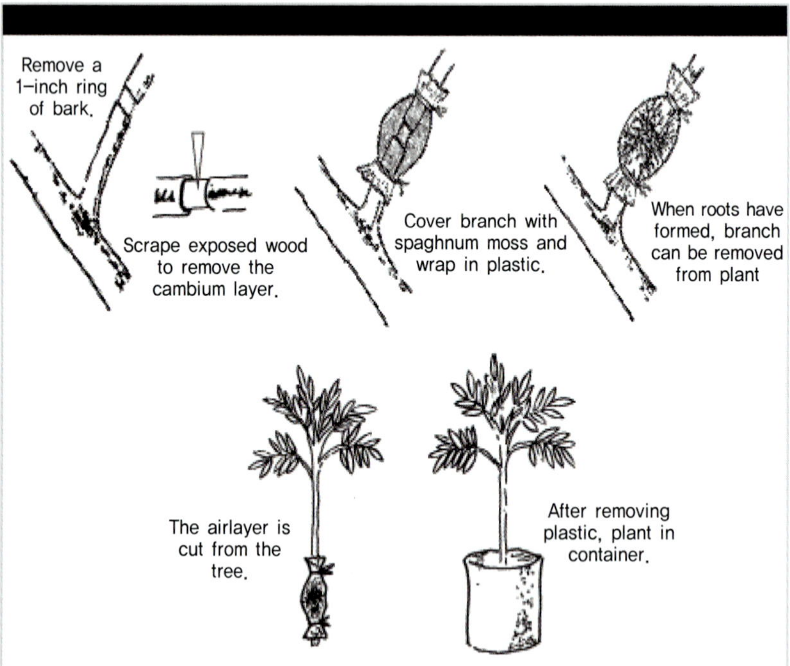

(http://www.ctahr.hawaii.edu/fb/lychee/lychee.htm)
공중취목(Air-layering) 방법

❶ 공중취목하고자 하는 나뭇가지의 지름이 1~2cm 정도인 곳에서 껍질 둘레를 3~4cm 정도 제거하고, 껍질 아래의 얇은 형성층(形成層)을 긁어낸다.

(http://www.korabstyle.com/)

2 이끼 또는 유기물 약 6×10cm 정도를 축축하게 물에 적신 후 껍질을 제거한 부분에 둘러싼다.

(http://www.korabstyle.com/)

(http://www.korabstyle.com/)

❸ 이끼 또는 유기물을 포장할 경우에는 비닐을 이용하여 안전하게 감는다. 비가 많이 오는 지역에서는 양쪽 끝단을 잘 묶어서 비닐 시트 안으로 물이 침투하지 못하게 한다. 물이 포화된 상태에서는 뿌리가 내리지 않기 때문이다.

❹ 이끼 등으로 포장한 후 2~3개월이 지나면 뿌리가 보이기 시작하고, 그리고 뿌리가 많아지면 비닐로 감싼 밑부분 가지를 절단한다. 그러면 아래 그림과 같은 묘목을 생산할 수 있다.

(http://growables.org/information/airlayeringlycheetree.htm)

공중취목(또는 휘묻이법)의 설명

5 절단된 공중취목에 붙어있는 잎의 3/4 정도를 제거하고 비닐을 풀지 않고 10~15분 정도 물에 담근다. 이후 이끼와 유기물이 공중취목의 어린뿌리에서 분리되도록 하는데, 이때 뿌리는 매우 연약하기 때문에 이식하기 전에 세심한 주의가 필요하다.

● **종자파종 :** 종자를 파종하여 재배할 경우 기억해야 할 것이 있다. 건조한 토양 조건에서 리치의 종자는 2일 이상 생존하기 어렵다는 것이다. 또한 어린 묘목은 높이가 18~20cm 정도일 때까지는 매우 활발하게 자란다. 그 이후에는 생장이 느려지는데 이 시기에 접목과 눈접(Bud grafting)을 실시한다.

종자로부터 생산한 묘목

● **접목(Grafting)** : 새로운 리치 품종을 보급하기 위한 접목은 공중 취목법보다 작업이 쉬우며 병해충의 피해 위험도 낮다. 리치의 접목은 다음과 같은 방법으로 이루어진다. 일반적으로 접목을 위한 대목은 '학 잎' 또는 '타이 소'의 1~2년생 묘목(직경 1.5~2.0cm 정도)을 이용한다.

1. 지표면에서 30cm 정도 지점을 절단하되 남아있는 줄기에는 건강한 잎 한 쌍이 달려 있어야 한다.
2. 잎이 달려 있는 반대편에 칼로 줄기 직경의 1/3~1/4 지점에서 2.5cm 정도 깊이로 줄기를 쪼갠다.
3. 원하는 품종의 상태가 양호한 접수(직경 6~8mm 정도)를 준비한다.
4. 접수의 아래 부분은 쐐기 모양, 즉 한쪽면은 2.0~2.5cm 정도 길이로 날카롭게 만들고 반대편은 6mm 정도의 길이로 날카롭게 만든다.
5. 접수를 대목의 쪼개진 틈에 넣으면서 길게 깎은 쪽의 쐐기를 줄기 쪽으로 향하여 맞추어 넣는다. 이때 접수의 형성층(形成層)과 대목의 형성층이 서로 맞닿도록 결합한다.
6. 접수와 대목을 접목용 고무 밴드로 단단하게 고정을 시키고, 비닐 등으로 감싸고 빗물 등이 들어가지 않도록 한다.
7. 최소 30% 이상 그늘을 만들기 위해 차양시설이 있는 온실에 접목된 묘목을 두고 완전비료(完全肥料)[3]를 1/4 티스푼 정도 시

3 완전비료란 질소, 인산, 칼륨의 세 요소를 적절히 섞은 비료를 의미한다.

비한다. 접붙이기를 한 묘목에 물을 공급할 시에는 접목을 실시한 부분에는 물이 들어가지 않도록 한다.

접목이 성공하면 3~4주 후에 접수에서 새싹이 나온다. 이 새싹들 중에서 두 개 정도의 새순을 남기고 정리하고, 새싹이 성숙하게 되면 차양(遮陽)을 점차 줄여나간다.

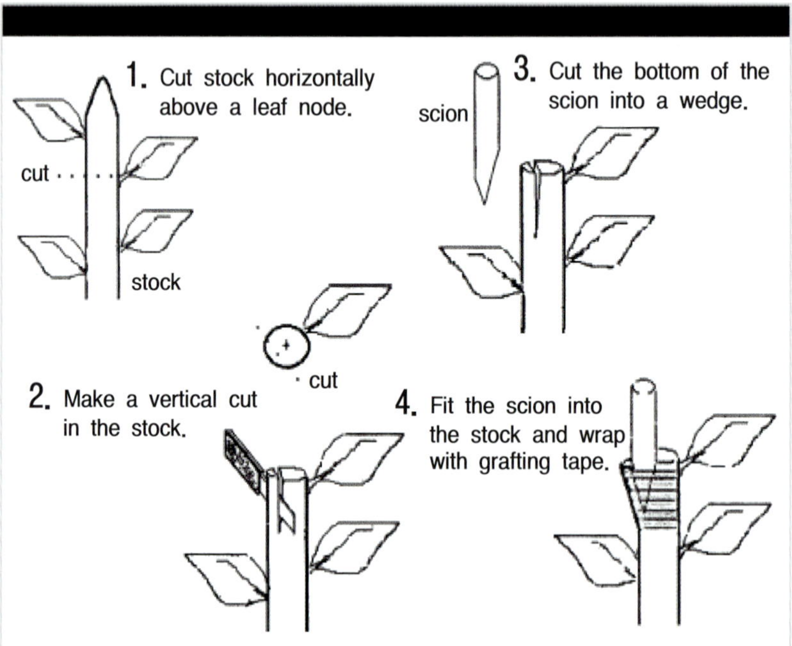

접목의 순서와 방법

(http://i115.photobucket.com/albums/n293/mikeyinfla/whitesapote.jpg)
성공적인 접목

병해충[4]

리치에는 진드기, 깍지벌레, 진딧물 등과 같은 해충이 때때로 만연한다. 새들도 맛있는 리치 열매를 먹기 때문에 새들의 침입으로 과수 피해가 예상될 경우에는 열매를 보호할 수 있는 그물로 덮는 것이 필요하다.

일부 해충은 거의 모든 지역의 리치 생산에서 영향을 주지만 또 어떤 해충은 특정 지역에서만 영향을 주는 경우도 있다. 해충은 그 존재 자체로서 작물에 피해를 주지 않지만 피해 한계점을 넘어설 경우는 문제가 된다. 그러나 현재 동남아지역에서 리치 생산을 어렵게 하는 중대한 병해는 없다. 일부 갈색 마름병은 중국과 태국에서 리치의 꽃, 잎 및 과일을 감염시켜 생장을 방해하지만 메타락실(Metalaxyl)을 사용하면 효율적으로 방제할 수 있다. 탄저병(Anthracnose) 등과 선충류 등도 일부 과수원에 영향을 미치고 있지만 화학적인 방법을 통해서 쉽게 방제할 수 있다.

● 주요 해충

나비류와 바방류의 인시류(鱗翅類)는 일반적으로 리치 생산에 영향을 주는 가장 유해한 해충이다. 기타 주요 해충으로서는 잎과 꽃을 먹는 애벌레(Caterpillars)와 딱정벌레류(Beetles), 하늘소류(Bark borers), 깍지벌레류(Scales), 응애류(Leaf mites), 과일을 빨아먹는 벌레류(Fruit-sucking bugs), 나방류(Fruit-piercing moths) 그리고 파리류(Fruit flies) 등이 있다.

---

4 http://www.fao.org/docrep/005/AC681E/ac681e09.htm

① 과일 벌레(Fruit borers)

중국에서는 새싹과 줄기에 구멍을 뚫는 줄기끝벌레(Stem-end borer)와 태국의 과일에 구멍을 만드는 과일벌레(Fruit borer)가 주요한 해충이다. 이 해충들은 개화단계 이후 아무 때나 0.4×0.2mm 정도 되는 노란색의 알을 새싹과 과일에 낳는다. 대개 알은 3~5일이면 부화하여 애벌레가 되며, 이 애벌레는 과일과 새싹에 구멍을 뚫고 침투한다. 만약 애벌레가 과육을 관통하는 굴을 만들면 과일이 낙과하는 경우도 있다. 태국에서는 착과단계에서부터 과일을 매주 검사하여 이러한 벌레의 알을 제거하여 피해를 예방하고자 하지만 알의 크기가 매우 작아서 발견하기 어렵다. 그러나 이 해충이 확산되면 제충용 피레트린(Permethrin)을 수확 2주 전까지 매주 사용하면 피해를 줄일 수 있다.

잎나방벌레(Leaf-miner, *Conopomorpha litchiella*)는 과일벌레와 비슷하다. 잎나방은 동남아지역에서 6월부터 10월 사이의 우기에 출현하고 크림색의 타원형의 알(0.1×0.8mm 정도)을 과일 표면에 낳는다. 이 작은 노란색의 알은 산란 후 3~5일이면 부화한다. 부화된 애벌레는 하얀 크림색이고 새싹과 나뭇잎 속으로 침투하는데 일반적으로 중앙부의 맥과 양분의 통로를 공격한다. 또한 애벌레는 과육에 침투하여 씨앗까지도 파고 들어간다. 과일이 아직 작을 때는 애벌레 한 마리가 2~3개의 과일에 피해를 줄 수 있다. 따라서 남아프리카에서는 애벌레의 성장을 억제하는 농약(Triflumuron)을 수확 40일 전에 살포하거나 과일의 지름이 10mm일 때 농약(Tebufenozide)을 2주 간격으로 살포하는 것을 권장하고 있다. 또는 꽃을 종이봉지로 씌워서 보호하는 경우도 있다. 그러면 벌레의 방제와 더불어 과일 색채와 전체적 과일 품질을 향상시킬 수 있다.

(http://www.bitterrootrestoration.com/litchi/litchi-stem-end-borer-conopomorpha-sinensis.html)
리치의 줄기끝벌레

② 과일을 뚫는 나방류(Fruit-piercing moths)

과일에 구멍을 뚫는 나방은 아시아, 호주, 남태평양 등지에서 중요한 해충이다. 나방은 과일의 표면에 구멍을 뚫는 입을 가지고 있어서 과육의 과즙을 빨아먹는다. 이때 생긴 과일의 상처에 나방의 입에 있던 이스트와 박테리아 등이 감염되어 과일이 상하게 한다. 오염이 된 과일은 수일 내로 그 과일에서 즙액이 새어나와 피해가 없는 인접 과일을 오염시킨다. 호주와 태국 등지에서는 농민들이 밤에 스포트라이트를 가지고 과수원에 가서 나방을 잡으려고 하지만 이러한 일은 거의 소용이 없는 일이다.

호주 농민들은 줄에다가 천 조각을 걸어놓고 발효된 오렌지와 바나나를 미끼로 나방벌레를 잡고자 한다. 나방은 과일을 먹고 나서 날아가려고 할 때 드리운 천 조각의 접힌 곳에 걸려서 잡힌다. 과수원에 이러한 덫을 설치할 지라도 여전히 상당한 피해는 불가피하다. 태국에서는 잘 익은 바나나와 파인애플을 살충제에 담궈서 나무에 걸어두면 나방들이 독살된다. 또한 그물망을 설치하여 나방과 해충을 방제하기도 한다.

http://www.daff.qld.gov.au/plants/fruit-and-vegetables/a-z-list-of-horticultural-insect-pests/fruit-piercing-moth
나방성충(*Eudocima fullonia*)

③ 잎을 갉아 먹는 애벌레(Leaf-feeding caterpillars)

호주에서는 피마자유 자벌레(*Achaea janata*)가 잎을 공격하는 대표적인 해충이다. 이 애벌레의 피해를 받으면 심각할 정도로 낙엽이 발생할 수 있다. 태국에서는 한 잎에 두세 마리의 유충이 발견되면 카바릴(carbaryl) 농약을 사용할 것을 추천한다.

(http://www.aprairiehaven.com/?page_id=8415)
잎을 갉아 먹는 애벌레

④ 잎말이 벌레(Leafrollers)

잎말이 벌레는 호주, 중국 및 인도 등에서 가끔 해충으로 등장한다. 또한 태국의 리치, 용안, 람부탄 등의 과수에서도 비슷한 피해를 주고 있다. 호주에서는 잎말이 벌레가 잎에만 피해를 주고 개화에 영향을 주지 않는 한 잎말이 피해를 그대로 방치한다. 그러나 잎의 20% 정도 이상 감염되었을 때 메소밀(Methomyl) 또는 카바릴(Carbaryl)과 같은 농약을 살포한다. 인도에서는 애벌레를 감싸고 있

는 잎들은 그 감염이 가벼우면 손으로 제거하고 그 정도가 심할 경

(http://www.thegeminigeek.com/how-to-get-rid-of-leaf-rollers/) (위)
(http://squirrelsview.blogspot.kr/2009/10/leaf-rollers.html) (아래)
잎말이 벌레

우에는 포스파미돈(Phosphamidon), 페니트로치온(Fenitrothion) 또는 엔도설판(Endosulfan) 등의 농약을 살포한다.

⑤ 딱정벌레류(Beetle borers)

촉각이 긴 딱정벌레인 *Aristobia testudo*는 중국 광동성의 리치와 용안에 심각한 피해를 주는 해충이다. 이 딱정벌레의 성충은 6~8월에 출현하고, 암컷은 가지에 10mm 정도 구멍을 만들어 알을 낳고 삼출물(滲出物)로 덮는다. 그러면 8월말부터 부화한 애벌레는 다음해 1월까지 수피의 안에 생육하다가 목질부를 파고 들어가는데 길게는 60cm 정도까지도 굴을 뚫는다.

타이완에서는 딱정벌레에 흰점들이 있으며 봄철에 성충이 출현하고 암컷은 지상 50cm 지점의 줄기에 T-형태로 절개하여 알을 20개 정도 산란한다. 줄기에서 부화한 유충은 약 10개월 정도 생존하면서 줄기에 많은 구멍을 뚫는다. 호주에서는 딱지벌레인 *Uracanthus cryptophagus*가 비슷한 피해를 야기하고 있다.

(http://www.cerambycoidea.com/foto.asp?Id=32) (좌)
(http://www.insectdealer.de/asien_ceram_1.html) (우)
딱정벌레

딱정벌레 피해에 의한 줄기 바름 현상

그러나 딱정벌레의 애벌레가 줄기부분에 구멍을 만들어 가지를 죽일 수 있지만 수목 전체를 죽이지 않는다. 중국에서는 성충이 활동하는 시기에 농민들이 정기적으로 딱지벌레를 제거하곤 한다.

알과 애벌레들을 동시에 제거할 수 있는데, 성숙한 애벌레의 배설물의 위치에 따라 애벌레가 있는 곳을 찾을 있기 때문이다. 그 애벌레의 배설물은 대개 구멍의 끝부분에 채워져 지면에 쌓여 있다. 그래서 철사의 고리나 칼을 이용하여 구멍 안에 있는 애벌레를 끄집어낼 수 있다. 다른 방법은 디클로르보스(Dichlorvos)를 주입하고 진흙으로 궁멍을 막아서 죽이는 것이다(Zhang et al., 1997).

⑥ 풍뎅이(Scarab beetles)

기데온 장수풍뎅이(*Xylotrupes gideon*)는 호주 전지역에서 리치에 피해는 주는 중요한 해충이다. 애벌레는 토양과 뿌리 등에 서식하면서 뿌리와 부엽토를 먹고 살다가 몸집이 커져 봄철에 성충으로 출현한다. 그 이후 익은 과일 특히 앵무새와 과일박쥐에 의해서 상처가 있는 열매들을 우선 섭취하다가 수확시기에 잘 성숙된 열매를 공격하여 피해를 주기 때문에 심각한 경제적 피해를 줄 수 있다. 화학적 방제는 만족스럽지 못하다. 그래서 작은 열매일 경우에 직접 벌레를 제거하는 것이 효과적이지만 수목이 크게 자라게 되면 인력에 의한 작업이 어렵게 된다. 특히 호주를 비롯한 선진국에서는 노동자의 높은 임금 때문에 인력에 의한 기데온 장수풍뎅이 방제 작업은 재배비용에 상당한 인상을 초래한다.

(http://chaudron.blogspot.kr/2009/11/scarab-beetles-allomyrina-dichotoma.html)
(http://bie.ala.org.au/species/Xylotrupes+gideon)
기데온 장수풍뎅이 암컷(좌)과 수컷(우)

⑦ 연딱지 깍지벌레(Soft scales)

녹색방패깍지벌레는 중국, 타이완, 호주와 인도 등지에서 널리 서식하고 있다. 호주의 퀸즈랜드에서는 봄에 파충류에 의해 깍지벌레가 잎, 꽃과 어린 열매로 이동된다. 녹색방패깍지벌레 암컷은 벚나무깍지벌레로 때때로 오인되고 있는데, 이는 밀랍 필라멘트로 덮여 있는 알 덩어리가 깍지벌레의 끝에 붙어 있기 때문이다.

깍지벌레는 성장하면서 열매에 피해를 주지 않지만, 열매 표면에 깍지벌레의 수가 심각한 수준에 달하면 그 과일은 유통할 수 없을 정도로 상품가치가 감소된다. 왜냐하면 깍지벌레는 꿀처럼 단물을 배출하며 열매와 꽃에 검댕그을음병을 불러일으킨다. 이처럼 변색한 과일은 낮은 등급을 받거나 시장에서 거래되기 어렵다. 이러한

(http://forestryimages.org/browse/detail.cfm?imgnum=5112036)
(http://forestryimages.org/browse/detail.cfm?imgnum=5112030)
연딱지 깍지벌레

현상은 중국, 타이완, 호주 등에서 흔하게 발생하고 있다.

리치에 심각할 정도로 깍지벌레가 확산이 되면 메티다티온(Methidathion) 살충제로 방제할 수 있지만 미네랄 오일의 적용이 더 선호한다. 왜냐하면 미네랄 오일을 사용하면 깍지벌레의 포식자인 무당벌레와 풀잠자리가 영향을 받지 않기 때문이다.

⑧ 곤충(Bugs)

노린재 종류의 *Tessaritoma papillosa*는 아시아와 호주에서 리치와 용안에 피해를 주고 있다. 특히 아시아의 경우 중국의 남부, 베트남, 태국, 미얀마, 필리핀 그리고 인도에서 발생하고 있다. 호주에서는 *Lyramorpha rosea*가 널리 분포하고 있지만 실제적인 피해는 거의 없다.

중국에서는 노린재가 일년 주기로 발생한다. 성충은 리치와 용안에 집단적으로 발생하고 월동을 하지만, 따뜻한 지역에서는 다른 식물에서도 발견된다. 봄철에 암컷이 꽃과 새순으로 이동하고, 나뭇잎 뒤에 14개 정도의 알을 산란한다. 중국의 광동성지역에서는 3월에 가장 활발하게 산란을 하지만 일반적으로 9월까지 계속 산란한다. 첫번째 유충(幼蟲)은 6월경에 성충이 되고, 이러한 성충은 대개 8월이면 죽는다.

성충과 유충은 가지 끝에서 기생하며 꽃과 과일을 먹어서 과일들이 낙과하게 만든다. 화학적인 살충제의 살포에도 불구하고 리치 과일의 30%까지 피해를 주는 것으로 알려져 있다. 지난 1970년대에 광동성에서는 생물학적 방제를 시도하였으나 알이 기생을 하기 때문에 자연적 방제는 비효과적이다. 만일 농약을 하면 농약 살포 시기는 매우 중요하다. 왜냐하면 해충들의 성질에 따라서 트라이클로

(http://en.wikipedia.org/wiki/Tessaratomidae)
(http://www.lifeunseen.com/index2_item_3176.php)
리치에 서식하는 노린재

르폰(Trichlorfon)에 대한 민감도가 다르기 때문이다.

애벌레들은 과일의 씨앗까지 먹기 때문에 애벌레가 침입하면 하루 이틀 후에 낙과하는 현상이 발생한다. 과일 표면에서 애벌레가 뚫은 구멍 등은 육안으로 보기 어렵고 자연적으로 떨어진 과일과 분간하기 위해서는 과일을 절단하여 분석해야 한다. 피해를 받은 과일은 전형적으로 종자의 외종피(外種皮)에 적갈색의 상해를 지니고 있다. 만일 떨어진 과일의 10% 이상이 이러한 상해를 입었으면 살충제인 엔도설판(Endosulfan)를 처리해야 한다. 과일의 착과가 충분하게 된 이후 처음 6주 동안에 통상 2주 간격으로 최대 2회 살충제를 살포한다.

⑨ 진드기(Mites)

에리로스 진드기(*Aceria litchii* Keiffer)[5]는 중국, 타이완, 인도, 파키스탄, 호주 등지에서 서식하고 있는 해충이다. 암컷들이 잎 표면에 알을 낳는다. 알의 직경은 0.03mm인데 둥글고 반투명한 백색이다. 진드기의 크기는 작아서 0.13mm 정도이고 연분홍 흰색이다. 다리가 네개로 이동성이 있으며 오래된 잎에서 새로운 잎으로 쉽게 이동한다. 새싹의 성장주기에 따라서 이 진드기의 숫자는 변하며 여름철에 가장 많고 겨울철에 가장 낮다. 또한 진드기에 감염된 수목들과의 직접 접촉을 통하여 감염되거나 과수원 작업인부나 바람 또는 벌 등에 의해서 감염될 수 있다(Waite and McAlpine, 1992).

5 이 진드기는 털 진드기, 털 거미 또는 개귀 진드기라고도 불린다.

(http://worldofmites.wordpress.com/2010/06/01/aceria-litchii/)

진드기에 감염된 나뭇잎

진드기는 새싹을 공격하여 작은 물집을 만들고 궁극적으로 잎 전체가 웅크러지게 만든다. 진드기의 공격이 심할 때는 잎들이 기형으로 변한다. 또한 진드기의 감염이 심하면 많은 잎들이 파손되는데 이러한 문제는 대개 성목(成木)의 경우에 문제가 되지 않는다. 그러나 어린 과수의 경우에는 수세가 쇠약해지는 경우도 있다. 또한 진드기가 잎에서 새로 열리는 꽃이나 열매로 이동하게 되면 착과가 잘되지 않고 과일이 기형으로 될 수 있기 때문에 주의가 필요하다.

진드기의 천적은 있지만 수목 피해를 감소시키는 효과는 기대하기 어려워 일반적으로 감염된 가지는 잘라서 연소키는 방법이 많이 사용되고 있다. 또한 진드기가 오래된 잎에서 새잎으로 이동하는 시기에 살충제를 살포하여 방제할 수 있다. 그러나 동일한 과수원에서 재배되고 있는 수목일지라도 모든 수목이 동시에 진드기에 감염되는 것이 아니다. 호주에서는 잎이 출현하여 성장할 때 매 2~3주마다 디메트에이트(Dimethoate)나 유황을 살포하여 진드기를 방제하고 있다. 중국에서 추천되는 살충제는 디클로르보스(Dichlorvos), 디메트에이트, 디코폴(Dicofol), 클로르피리포스(Chlorpyrifos), 오메토에이트(Omethoate) 그리고 이소카보포스(Isocarbophos) 등이 있다(Zhang et al., 1997).

⑩ 혹파리(Gall flies)

잎혹파리(Dasyneura sp.)는 중국에서 발생하는 주요 해충이다. 혹파리는 흙속에서 번데기가 되며 성충 혹파리는 3월부터 출현하기 시작한다. 이 작은 곤충은 습기가 많고 밀폐된 나뭇잎들을 선호하며 햇빛에 노출된 지역에서는 말라버린다. 성충 혹파리는 어린잎들의 잎맥을 따라서 알을 낳고, 애벌레는 잎을 파먹으며 '물점'을 만들어

(http://www.wildaboutbritain.co.uk/pictures/showphoto.php/photo/110438)
(http://www.fcps.edu/islandcreekes/ecology/goldenrod_gall_fly.htm)
혹파리와 그 피해

(http://flickrhivemind.net/Tags/hawaii,pests/Interesting)
진드기 피해를 받은 잎과 열매

'혹'을 만든다. 이러한 혹은 갈색으로 변하면서 결국은 나뭇잎에 '천공병'을 남긴다.

이러한 혹파리의 감염이 잘되는 과수원에서는 모니터링이 효과적이지 못하고 예방책이 필요하다. 에리노즈(Erinose) 진드기의 경우 수확 후에 감염된 잎들을 제거해서 불에 태워버려야 한다. 봄이 되면 메틸파라티온(Methyl parathion, 2.5%)을 ha당 75kg를 수목 밑에 살포하고, 이소펜포스(Isofenphos, 0.001%)를 성충이 출현하기 전에 토양에 살포해야 한다. 가을에는 이소펜포스를 잎이 생성되기 전에 2주에 걸쳐서 2회 정도 살포하면 혹파리를 효과적으로 방제할 수 있다(Zhang et al., 1997).

● 주요 병해

현재 아시아지역에서 상업용 리치 생산을 저해하는 주요 병해는 없다. 그러나 일반적으로 병해는 수확 이전부터 과일에 감염 되지만 수확 이후에 더욱 중요한 문제가 되고 있다.

리치의 잎, 꽃 그리고 과일을 가해하는 병해는 소수 존재하지만 다른 일부 병해는 수목을 쇠약하게 만들고 급기야는 죽게 만드는 경우는 거의 없다. 꽃과 과일에 발생하는 병을 방제하기 위해서는 화학적인 농약이 효율적인 경우도 있다.

① 갈색마름병(Brown blight)

갈색마름병(Lychee brown blight, *Peronophythora litchii*)은 중국, 인도와 태국에서 재배되는 리치와 용안에 감염되는 주요 병이다. 특히 리치에는 중요한 병해이다. 중국의 광동성지역에서는 갈색마름병이

(http://i16.photobucket.com/albums/b8/DeborahTmba/IMG_0750.jpg)
(http://www.39kf.com/medicine/pro/zy/GAP/bch/02/2006-03-27-180885.shtml)
갈색마름병에 감염된 리치의 잎과 열매

과일은 물론 잎과 꽃까지 피해를 주고 있다. 이러한 감염은 과수의 생산량을 감소시키고 과일의 보존기간을 단축시킨다. 꽃은 특히 이 갈색마름병에 취약하다. 미성숙 과일은 갈색으로 변하고 수확 전에 감염된 과일은 백분병(白粉病)이 과피(果皮)에서 발생한다.

이 곰팡이 병은 흙 속에서 겨울을 지내거나 지난해에 감염된 과일 안에서 생존하며, 포자(胞子)는 바람과 비 그리고 곤충에 의해서 퍼진다. 지속적으로 습한 기후와 22~25℃ 정도의 기온이 이 곰팡이 병의 확산을 유리하게 만든다. 리치 생산자들은 갈색마름병에 감염되어 죽은 가지들을 과수원에서 깨끗하게 제거해야 한다. 겨울철에는 구리옥시클로라이드(Copper oxychloride), 봄에는 황산구리(Copper sulphate)를 사용하면 곰팡이균을 쉽게 줄일 수 있다. 이러한 화학적 처리는 꽃이 피고 열매가 생성되는 시기가 효과적이고, 알리에테(Fosetyl-Al) 또는 메탈락실(Metalaxyl)로 처리해야 한다.

② 탄저병(Anthracnose)

탄저병(*Colletotrichum gloeosporoides*)은 중국 광동성지역의 리치에서 주요 병해이며, 인도에서도 발생하는 병해이다. 탄저병은 나뭇잎과 가지 그리고 꽃을 주로 공격하고, 만약 과일에 탄저병에 감염된다면 과일은 상품적 가치를 상실하게 된다. 잎에 나타나는 탄저병의 상해는 작고 둥근 회색점으로 나타나거나 불규칙적인 갈색 흔적으로 나타난다. 그러나 탄저병의 감염은 꽃과 과일에 두드러지게 나타나고 있다.

탄저병의 확산은 무덥고 습한 기후 이후에 발생하는 것이 일반적이다. 곰팡이는 즉시 병을 유발하지 않고 일반적으로 수확 후에 확연하게 나타난다. 살균제(殺菌劑)는 처음에 발병했을 때 사용하지만

(http://www.forestryimages.org/browse/detail.cfm?imgnum=5403527)
탄저병에 감염된 리치 열매

항상 효과적인 것은 아니다.

탄저병이 과일 표피에 나타날 경우에는 생산량과 품질 및 보존기간에 영향을 주지 않는다. 그러나 과수원에서는 탄저병으로 인하여 과일 절반 이상이 상품적 가치를 상실할 수도 있다. 이 탄저병은 모든 품종에 발생한 것으로 보고가 되었지만, 그 중에서도 자주 발생되는 품종은 '콰이 메이 핑크'이다.

호주에서는 탄저병 감염으로 인한 붉은색 점을 예방하기 위하여 구리옥시클로라이드와 수산화구리(Copper hydroxide)를 사용하여 방제하려 했지만 구리의 살포는 비용이 많이 소요되며 수확시기에 근접할 경우에는 농약잔유가 문제시 되고 있다.

③ 수목의 고사(Tree decline)

중국과 베트남 그리고 호주에서는 배수가 잘 안 되는 토양에서 리치가 서서히 쇠약해지다가 갑자기 죽어버리는 현상이 발견되고 있다. 이 병의 징후는 나뭇가지가 시들고 가지의 성장이 감소하는 것이다.

편모균류에 속하는 사상균인 파이토프토라속(Phytophthora), 모잘록병을 일으키는 파시움속(Pythium) 그리고 곰팡이인 푸사리움속(Fusarium)과 같은 것들은 수목의 어떤 부분에 병을 유발하는지 정확하게 알려지지 않다. 그러나 리치 생산자들은 물에 잠긴 토양에서는 이러한 원인으로 수목이 죽기 때문에 피해야 한다고 경험적으로 이미 알고 있다.

아밀라리아(Armillaria)균은 뿌리를 공격해서 수령(樹齡)과 상관없이 수목을 고사시키거나 점차 약하게 만든다. 이 곰팡이는 토양이나 그루터기 또는 뿌리에서 수년간 생존하기 때문에 묘목을 심기 전에 주변 토양을 훈증 소독할 필요가 있다.

고사현상

④ 흰말병과 선충류(Parasitic algae and nematodes)

흰말병은 *Cephaleuros virescens*라고 하는 식물병원체로서는 희귀한 종류인 기생성 말무리(綠藻類)의 일종에 의해 발병한다. 병원(病原) 말무리는 잎의 병반에서 집락상태로 겨울을 나고 봄과 여름에 걸쳐 비가 올 때 집락(Colony) 위에 형성된 포자가 빗물 또는 바람에 의해 잎에 전파되어 병을 확산시킨다. 수이 퉁(Souey Tung)과 학 잎(Hak Ip)과 같은 품종은 이러한 기생성 말무리나 선충류에 매우 잘 감염된다.

(http://www.bitterrootrestoration.com/plant-pathology/Page-3.html)

기생성 말무리에 감염된 리치 잎

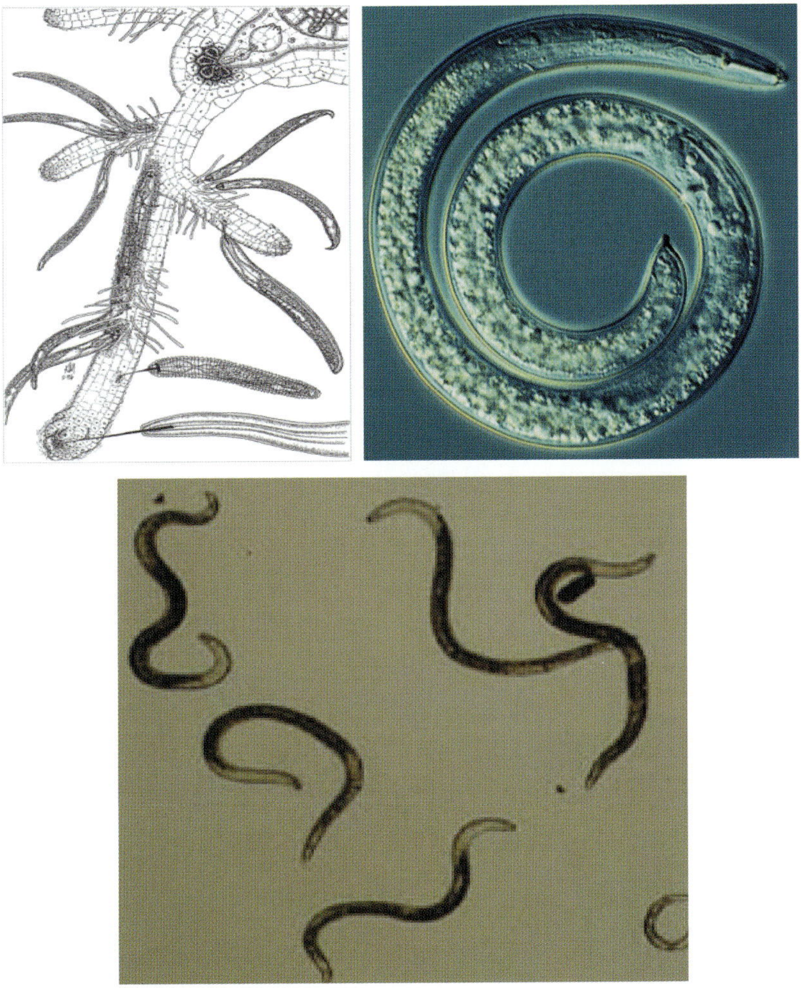

(http://www.science.oregonstate.edu/bpp/Nematodes/central_Oregon_crops.htm)
(http://www.msmedia.com.au/biology/nemapix1b.htm)
(http://www.dpi.vic.gov.au/agriculture/pests-diseases-and-weeds/plant-diseases/fruit-diseases/stone-fruit-diseases/collecting-soil-and-plant-samples-for-nematode-analysis)

선충류

흰말병 방제를 위해서는 ① 수목에 햇빛이 잘 들지 않을 때 흰말병이 많이 발생하므로 지나치게 무성한 가지들은 솎아 내어 해 들임(透光)과 통풍이 잘되도록 관리한다. ② 수세가 약할 때 잘 발생하므로 비배관리를 잘해서 수세를 증진시키고, 특히 배수가 잘되도록 유의한다. ③ 병든 낙엽은 모아서 땅속에 묻거나 소각한다. ④ 병이 심하게 발생했을 때는 보르도액, 쿠퍼수화제 등을 2주 간격으로 2~3번 뿌려서 병의 확산을 막는다.

선충류(線蟲類) 중에서 창선충류(Xiphinema), 활선충(Paratrichodorus) 그리고 나선선충(Helicotylenchus)과 같은 선충류는 남아프리카지역에서 문제가 되고 있으나, 호주와 아시아지역에서는 아직 그 피해가 알려진바 없다.

수확

리치 열매는 나무 위에서 달린 채로 잘 익도록 해야 한다. 그러나 너무 익은 열매는 색이 검게 변하고 광채가 상실된다. 그렇게 되면 리치의 풍부한 맛을 느낄 수 없다.

(http://weloveourbangladesh.blogspot.kr/2011/01/asian-palm-fruit-kochi-tal.html)
(http://forums.gardenweb.com/forums/load/flgard/msg072045255509.html)
(http://www.lushass.com/wp-content/uploads/2012/05/douglnTree.jpg)
(http://www.worldofstock.com/stock-photos/florida-gulf-coast-lee-county-pine-tropical/PWO2158)
리치 수확

과수원의 농민들은 리치 수확의 시기를 정하기 위해 열매가 많이 달린 가지를 잡고 열매의 냄새로 성숙 정도를 판단하기도 한다. 리치 과일은 수확 후 냉장고에서 최대 5주간 정도 저장할 수 있지만, 실온(室溫)에서는 3일 전후가 지나면 품질이 악화되기 시작한다.

캄보디아 과일시장의 리치(앞줄 우측)

미얀마 도로변의 과일가게

네팔의 테라이 지역

Chapter 4.

주요 생산국의 리치산업[1]

호주[2]

(http://www.freshforkids.com.au/fruit_pages/lychee/lychee.html)
호주 리치 주요 생산지

1 http://www.fao.org/docrep/005/AC684E/ac684e04.htm

2 http://www.actahort.org/books/575/575_44.htm

리치는 호주에 도입된 지 60년 이상 되었지만 상업적인 목적으로 식재하기 시작한 시기는 1970년대이다. 호주에는 리치의 품종이 40여 개 이상이 존재한다. 그러나 주요 생산지역의 자료 부족으로 품종 확인이 어려운 실정이다.

호주에서 리치 과일은 일관성 있게 생산하기 어렵다. 이는 불규칙적인 개화와 빈약한 착과이고, 일부지역에서는 잦은 해거리와 작은 크기의 과일 생산으로 인하여 생산자 소득이 낮다는 점이다. 그러나 호주에서 리치가 생산되는 시기는 북반부에서 생산이 거의 없는 시기이므로 국제시장에서 호주의 리치는 유리한 점이 있다. 또한 국내 시장에서 고품질의 리치에 대한 수요는 호주의 공급량을 훨씬 초과하고 있어 시장 잠재력은 매우 크다고 판단된다.

현재 약 320명 정도의 리치 생산자들이 활동하고 있으며 1.5천ha 정도의 면적에서 3,500톤의 리치를 생산하고 있고 생산량은 꾸준히 증가하는 추세이다. 이는 약 A$1,500만[3] 정도의 생산액이다. 그리고 호주 리치 생산량의 50%는 북부 퀸즈랜드(Cairns, Ingham, and the Atherton Tablelands), 40%는 중남부 퀸즈랜드(Rockhampton, Bundaberg, Gympie, Nambour and Caboolture) 그리고 10% 정도만 뉴사우스웰일즈(New South Wales) 지역에서 생산되고 있다. 호주에서 리치 생산기간은 10월(북부 퀸즈랜드지역)부터 3월(북부 뉴사우스웰일즈지역)이다. 리치와 비슷한 용안의 생산도 같은 과수원에서 생산되기도 하지만 그 생산량은 1,000톤 미만일 정도로 매우 적다.

리치는 점토를 20～30% 함유한 식양토(埴壤土)이면서 보통 이상의 비옥토로서 최소한 1m 정도의 배수가 잘된 표토(表土)를 지닌 토양에서 잘 자란다. 배수가 잘되지 않는 점토질 토양에서는 수목

3 2013년(8월 기준) A$1.00 = US$0.9192

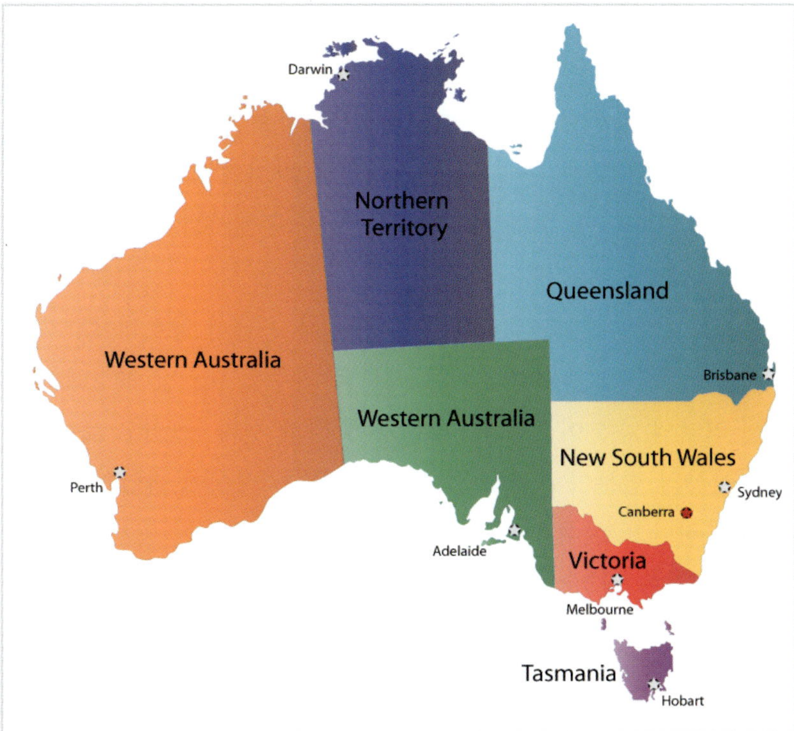

(http://www.map-of-australia.us/australia-map-720.jpg)
퀸즈랜드와 뉴사우스웨일즈

이 죽을 수 있다. 북부 퀸즈랜드와 같이 모래가 많이 함유된 토양에서는 고온이 장기간 지속되면 쉽게 건조되는 문제가 발생한다. 또한 과수원의 경사가 15° 이상인 곳은 병해충 방제를 위한 기계의 사용이 어렵고, 과수의 관리와 수확이 불편할 뿐만 아니라 우기에 토양 침식이 발생하기 때문에 적합하지 않다.

리치 생산을 위한 성공적인 개화를 위해서는 기온이 15°~20℃ 정도의 서늘한 기간이 필요하지만, 또한 기온이 너무 낮으면 서리의 피해가 염려될 수 있다. 그리고 착과 이후에 높은 온도의 건조한 기후가 계속되면 낙과(落果)의 가능성, 과일의 갈색화 그리고 과일의 파열 등이 발생할 수 있다. 이처럼 열매가 성숙하는 시기에 높은 온도의 건조한 기후가 계속되면 리치 고유의 붉은 색의 과일이 되지 못한다. 또한 리치는 강한 바람으로 인한 가지의 부러짐 등의 풍해(風害)를 입을 수 있기 때문에 바람이 강한 곳에서는 방풍림이나 방풍막이 필요하다.

상업용 과일 생산을 위해서는 토양 수분 공급이 양호해야하기 때문에 관개시설이 필요하다. 일반적으로 과수원 1ha 당 약 2백만~4백만 리터의 수분이 필요한 것으로 알려져 있다. 그리고 물에 500 ppm 이상의 염분이 존재하면 수목 생장을 저하시켜 과일의 생산성이 낮아진다고 한다.

노동인력을 살펴보면 수확이나 포장을 하는 경우를 제외하면 일반적으로 1인당 과수원 5~7ha 정도를 관리할 수 있으며, 수확기에 과수 생산성은 가지가 옆으로 퍼져있는 정도에 따라서 달라진다. 리치재배와 수확 및 포장에 필요한 기본 장비와 시설은 관개 스프링클러, 트랙터, 분무기, 풀 베는 기계, 트레일러, 수확장비, 그물망, 과일 포장건물 그리고 저온 저장고 등이다. 특히 성공적인 생산을 위해서는 관개 관리, 과수의 영양분 관리, 그리고 병해충 방제 등에 있어서 경험과 전문적 지식이 요구된다. 그리고 리치과일은 수확 후에 부패가 매우 잘되기 때문에 효율적인 포장과 저온 저장시설은 반드시 필요하다.

현재 리치는 전세계적으로 약 100만 톤 정도를 생산하고 있는 것으로 파악되고 있는데 호주는 세계 리치 생산량의 1% 정도를 생산하고자 계획을 수립하였다. 이는 매우 의욕적인 목표라고 할 수 있다. 왜냐하면 국내외적인 시장에서 호주의 리치 산업이 매우 신뢰성이 있고 고품질의 청결한 리치 과일을 공급할 수 있을 것으로 기대되고 있기 때문이다. 이는 물론 리치 산업과 연구 부문에서 많은 노력이 수반되어야 한다. 생산량 증가를 위해서는 새로운 품종개발과 리치 과수원 관리의 개선, 그리고 병해충 관리의 향상 노력이 필요하다. 그 뿐만 아니라 수확 후 과일의 처리와 마케팅에 향상이 이뤄져야 한다. 이러한 발전은 미래를 향한 비전을 갖고 산업의 단합이 이뤄질 때 더욱 성공이 예견된다. 생산자들은 연구와 개발(R&D), 정보교환, 그리고 산업의 조직 등에 대한 새로운 개혁이 필요하다.

지난 1970년대 말과 1980년대 초에 연구가 시작되면서 개화의 생리와 과일생성 그리고 수목 관리가 생산에 미치는 영향을 이해하는 방향으로 전개되었다. 뿐만 아니라 수확 후 신선도 유지기간의 향상과 과일의 마케팅 그리고 호주의 리치산업 발전을 위한 조정을 하고자 하는 노력을 하였다. 연구는 1980년대 중·후반에 가장 활발했고, 이 기간 동안의 연구논문이 전세계 발표논문의 30%를 차지할 정도였다.

호주에서는 마케팅 단체들이 잘 조직이 되어서 지금은 최대의 수출업자들이 되었다. 그들은 특별히 마케팅 코디네이터(marketing coordinator)[4]를 고용하고 있고, 엄격한 등급화 기준을 따르며, 품질확인훈련을 철저하게 실행한다. 그리고 시장에서 구별하기 쉬운 독특한 박스에다 과일을 포장하고 있다. 그 결과 이들 단체들이 출하하는 과일의 가격은 시장평균가격보다 US$1.00/kg 정도 높은 가격을 형성하고 있다. 이러한 아이디어는 타산지석이 되어서 다른 지역이나 나라에서도 실행이 되어 수출무역분야까지 변화를 일으켜야 할 필요성이 있다.

---

4 마케팅 코디네이터는 마케팅 팀에 도움을 주는 전문가로 마케팅 업무의 모든 면을 살피고 다른 마케팅 팀과 협력하고 기업이 주어진 기간에 최대의 매출을 달성할 수 있는 방법을 제시한다. 또한, 소비자의 필요와 만족도 수준을 잘 파악하고 마케팅 플랜을 설계한다. 만일 분석과정에서 기존의 마케팅 전략과 계획이 성공적인 마케팅으로 연결되지 못하면 원인을 분석하여 기존의 마케팅 계획을 수정하는 전문가이다.

방글라데시[5]

리치는 방글라데시에서 디저트로 소비되는 중요한 아열대 상록과수 중의 하나이다. 망고나 잭푸르트(Jack Fruit)와 같이 신선한 과일 형태로 시장에 출하되는 시기는 5~6월이다. 이처럼 열대과수 시장에서 다른 많은 과일이 시판되고 있음에도 불구하고 리치는 독특한 맛과 향 그리고 색깔 때문에 신선 리치에 대한 수요는 항상 매우 높다. 그러나 생산량은 충분하지 않기 때문에 매우 고품질의 우수한 품종인 '베다나'(Bedana)와 '차이나-3'(China-3) 등과 같은 경우는 매우 제한된 지역에만 공급되고 있는 실정이다. 리치의 ha당 생산성은 약 2.5톤 정도인데, 이는 다른 나라와 비교해서 낮은 수준이다.

방글라데시에서 리치 재배에 관한 기록은 없다. 그러나 19세기 초 리치가 미얀마(Myanmar)에서 방글라데시로 전파된 것으로 알려지고 있다. 리치는 주로 일반 가정의 뒷마당에 2~3그루 정도 재배되거나 주택지 부근의 공터에 15~20그루 정도를 재배하고 있는 형태가 대부분이다.

리치 재배 면적은 약 4.8천ha 정도이고 연간 총생산량은 약 12,800톤 수준이다. 현재 리치는 방글라데시의 거의 모든 지역에서 재배되고 있고, 기후조건은 고품질 리치생산의 성공적인 생산에 유리하기 때문에 재배면적은 쉽게 증가할 수 있다. 그러나 어린 묘목들의 높은 고사율과 공중취목된 묘목이 잘 형성되지 못하기 때문에 이들 지역에서 리치 재배면적 확대가 비교적 느린 실정이다. 또한 농촌지도사들은 물론이고 대부분의 생산자들은 리치 재배에 필요한 전문지식과 기술을 소유하지 못하고 있다. 그래서 관심 있는 농부들이 새로운 리치 과수원을 설립하려고 하는데 종종 실패하곤 한다.

---

5 http://www.fao.org/docrep/005/AC684E/ac684e06.htm

리치는 부패하기 쉬운 과일이기 때문에 적절한 수확 후 관리가 수행되지 아니하면 판매가 매우 어렵다. 방글라데시에서는 리치가 주로 신선한 상태로 생산지역이나 인근시장에서 판매되고 있으나, 고품질 리치는 대도시에서 높은 가격에 거래되곤 한다. 이 고품질

(http://www.nationsonline.org/maps/bangladesh_map.jpg)

방글라데시

(http://www.barc.gov.bd/foodgallery.php)
베데나 품종

리치는 생산지역에서 리치 잎으로 장식된 대나무 바구니에 담아서 운반된다. 이러한 바구니에 보관하면 약 48시간 정도 신선 상태로 유지될 수 있다. 그래서 원거리에 있는 도시의 시장에 출하하기 위하여 리치가 빨간 색으로 변할 무렵 오후에 수확한다. 수확된 과일은 농장에서 작은 바구니에 포장되어 밤에 도매시장으로 옮겨져서 소매상들에게 분배된다.

리치는 적절한 저장시설이 없기 때문에 대부분 도로가의 노점상에서 신선한 상태로 판매되고 있다. 따라서 생산 현지에서 리치에 대한 수요는 매우 높으며, 그 수요는 충족시킬 수 없는 실정이다. 리치의 산업 발전을 위해서 현재의 생산조건을 고려할 때 ① 조·중·만생종의 품종 재배 ② 농민과 농촌지도사에게 현대적 재배기술과 과수원 관리 등에 대한 강도 높은 훈련 ③ 일정한 고품질 리치 생산과 소비자들에게 균등한 분배 등과 같은 사항이 고려되어야 할 것으로 생각된다.

(http://commons.wikimedia.org/wiki/File:Lichu.JPG)
방글라데시에서 생산된 리치

중국[6]

리치는 중국의 남부 아열대지역에서 유래하였기 때문에 야생 리치 수목은 해남성(Hainan), 광동성(Guangdong), 광서성(Guangxi) 그리고 운남성(Yunnan) 등과 같은 남부지역의 열대우림 지역에서 쉽게 찾아 볼 수 있다.

중국에서의 기록된 리치 재배역사는 2,100년 이상이나 된다. 기원전 111년 한(漢)왕국 때에 왕궁의 기록에 리치의 식재실험에 관한 기록이 있다. 그러나 리치는 북쪽기후에서 살아남을 수 없기 때문에

(http://web.colby.edu/zgmitche/files/2011/05/China_map.jpg)
중국

---

6 http://www.fao.org/docrep/005/AC684E/ac684e07.htm

그 실험은 실패로 끝났다. 그러나 맛이 좋아 리치 과일을 후대의 황제들이 좋아했기 때문에 빠른 운송수단을 이용하여 남부지역에서 수확한 리치를 북부지역의 왕궁으로 운반하여 애용하였다고 한다. 리치 품종에 대한 기록은 1059년 송(宋)나라의 蔡襄(Cai Xiang)이 쓴 '리치목록'(Lychee Register)으로 복건성(Fujian)에서 재배되는 32개의 품종과 재배특성을 기술하고 있다. 그 후 1780년 첸딩(Chen Ding)이 쓴 '리치목록'에서는 복건성(Fujian), 사천성(Sichuan), 광동성(Guangdong) 그리고 광서성(Guangxi)에서 재배되고 있는 43개 품종을 설명하였다.

지난 1949~1982년 사이에 최대 리치 생산지역인 광동성의 재배면적은 4.8천ha에서 26.9천ha로 서서히 증가했다. 또한 이 기간 동안의 연평균 생산량은 40,000톤에 불과했다. 그러나 1980~1990년대에는 중국의 농촌개혁과 시장경제의 실시로 인하여 빠르게 증가

중국에서 생산된 리치

하고 있다. 농촌개혁에서는 농가가 특정 작목의 재배를 위해 땅의 일부를 사용하도록 허락하는 농가계약제가 포함되어 있었다. 이 때 농민들은 리치를 재배하면 다른 작물보다 경제적 이익이 더 컸기 때문에 중국 남부에서는 리치 생산이 급증하였다. 이러한 리치 생산량 증가 및 시장수요 확대가 리치산업의 발전을 촉진하게 되었다.

지난 1990년대 이전의 중국 리치 과수원의 대부분은 영세농들에 의해서 재배되었다. 그들은 몇 그루의 리치에서부터 몇 ha에 이르는 소규모의 리치농장을 관리하였다. 그러나 1990년대 이후에는 재무능력이 큰 법인회사들이 리치산업에 많은 투자를 하기 시작하였다. 그 결과 수십 ha에서 수백 ha에 이르는 크기의 과수원들이 출현하게 되었으며, 재배면적도 약 580천ha에 이르게 되었다.

리치 생산기간는 5월 중순부터 8월 중순이다. 중국에서는 연평균 생산량이 풍년기에는 약 150만 톤 그리고 흉년기에는 60만 톤 정도이다. 설령 풍년일 경우에도 생산성이 낮아서 약 2.47톤/ha 수준에 불과하다. 이는 현재 재배되고 있는 리치의 수령이 어리기 때문으로 생각된다.

중국의 리치 생산지역은 북위 19°~24° 범위에 속하는데, 여기에 해당하는 지역은 광동성, 광서성, 복건성, 해남성, 운남성과 귀주성 등이다. 그리고 이러한 지역에서는 리치가 중요한 산업이 되었다. 이것은 특별한 지역의 지리적 환경과 미시적 기후[7]가 리치 생산에 적합하기 때문이다.

타이완(Taiwan)은 세계에서 세번째로 많은 리치 생산지역이다. 지난 1988년에는 15천ha가 넘는 리치 재배면적이 있었으나, 이후

7 기후는 크게 거시적 기후와 미시적 기후로 나눌 수 있는데, 거시적 기후는 기온, 강수량, 일조량, 빛의 세기 등을 의미하고, 미시적 기후는 해당 지역의 위치나 구조 등에 따라서 세분화되는 기후를 말한다. 예를 들면, 해당 지역에 강이 있으면 낮에 기온을 흡수하고 밤에는 온도를 방출하여 차가운 기온을 막아주는 것이 미시적 기후에 해당한다.

점차 감소하여 12천ha 수준으로 낮아졌다. 현재 연평균 약 10만 톤의 리치가 생산되고 있으며, 그 중에서 약 90% 이상이 국내시장에서 소비된다.

리치 생산량의 60% 이상이 신선과일로 소비되고, 30% 정도는 건조 리치(리치너트) 그리고 소량이 냉동, 통조림 또는 발효 과일로 소비된다. 리치의 품종에 따라서 성숙되는 계절이 다를지라도 주된 수확기는 5월 하순에서 7월 초순까지 약 1.5개월 정도이다. 대부분의 리치과일은 수확 후 즉시 시장에 유통되며, 소량만 나중에 유통하기 위하여 냉장된다. 수확 후 처리와 포장은 과일을 수송하는 거리와 시간에 따라서 다르다. 지역 시장에서는 리치의 수송이 불과 몇 시간 정도이기 때문에 특별한 처리가 불필요하며 흔히 대나무 바구니나 골판지 박스에 포장된다. 저온유통체계가 갖춰지지 않은 상태로 수송이 12시간 이상이 소요되는 장거리 시장에는 얼음을 첨가한 플라스틱 그릇이나 발포거품 박스에 포장해서 유통을 시킨다.

저온유통체계와 빠른 수송체계는 중국 리치가 신선한 상태로 국제시장에 유통 가능하게 만들었다. 그러나 저온상태에서 리치과일을 상온 상태로 이동하면 리치과일이 빠르게 갈색으로 변하거나 부

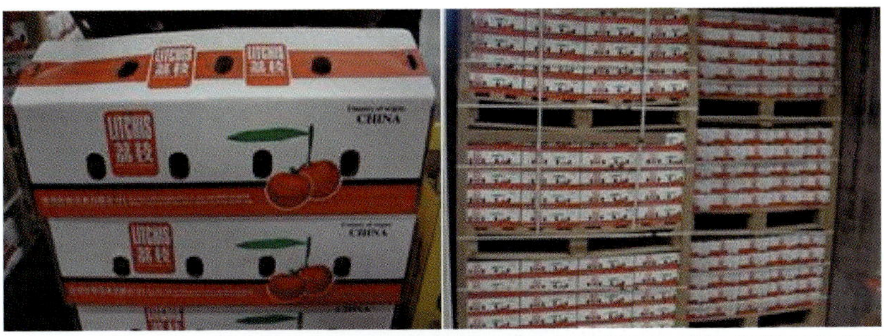

(Zhangzhou Zhuangyi Agriculture Development Co., Ltd.)
장거리 운송을 위한 리치 포장

패하게 된다. 그렇기 때문에 이황산가스(Sulfur dioxide)와 산(酸)에 담그는 등 수확 후 처리방식은 리치과일이 갈색으로 변하는 것을 방지하고 과일의 고유한 색을 그대로 보존하는 방법으로 사용되기도 한다. 그러나 이렇게 화학적인 처리를 거친 리치 과일은 아황산가스의 잔류독성 문제가 있어서 요즘 국제 과일 시장에서 점차 줄어들고 있는 추세이다.

리치의 생산자와 소비자는 중개상에 의해서 중재되고 있다. 소농들은 그들이 생산한 과일을 인근의 시장에 직접 출하하거나 과일 중간 수집상들에게 매도한다. 그리고 중간수집상들은 도매시장이나 소매 중개상 또는 수퍼마켓에 판매한다. 대규모 과수원을 직접 경영하는 대부분의 법인들은 자신들의 고정된 마케팅 채널을 소유하고

(http://www.freshplaza.com/news_detail.asp?id=45283)
유럽으로 수출되는 리치 포장

있고, 일부 법인들은 저온저장시설을 경영하고 있다. 그리고 시장에서 자신들의 생산량보다 수요가 더 있으면 소농들에게도 리치를 구입하고 있다. 일부 리치 과수원 경영자들은 도시 거주자들을 위한 과수원 체험 관광여행을 실시하여 신선한 리치과일을 농장에서 판매하기도 한다.

리치과일의 마케팅을 촉진하기 위하여 지자체가 중요한 역할을 한다. 성공적인 예는 고아조우(Gaozhou)라고 하는 광동성의 서부에 있는 지자체인데, 이는 '세계의 넘버원 리치도시'라는 타이틀을 자랑한다. 이 도시에서는 지역 인프라 시설의 향상, 리치 뉴스 회견 개최, 과일상인들의 리치 무역축제 초청, 주요도시에 리치 박람회 개회, 리치 홈페이지 운영 및 리치 정보의 확산을 위한 많은 노력을 하면서 전국적으로 리치 과일 도시로 널리 유명해졌다.

리치 가격은 시장수요와 공급의 기능에 따라서 크게 변동한다. '산유홍'과 같은 조생종은 저품질이지만 가격은 US$2/kg으로 상당히 좋은 가격을 받는데, 그 주된 이유는 조생종으로서 시장에 대체품이 별로 없기 때문이다. 물론 수확 절정기가 되면 가격은 하락한다. 비수확기의 최고 품질 리치인 '누오미씨'나 '귀웨이' 같은 품종은 US$ 10~15/kg 정도로 높은 가격을 형성하고 있다.

비록 중국에서 리치가 긴 생산역사를 가졌더라도 1980년대까지는 중요한 산업이 되지 못했다. 과일의 짧은 보존기간과 과일의 불량한 저장성, 짧은 생산기간, 비효율적인 마케팅 체제, 불규칙적인 과일의 결실, 개별적인 영세소농들의 비조직적 생산과 같은 주요 제약조건들은 중국에서 건전한 리치산업의 발전을 저해하고 있다. 그래서 정부, 연구자, 농촌지도, 농업법인과 생산자들은 이러한 제약조건을 극복하기 위한 공동의 노력이 필요하다.

인도[8]

(http://www.justmaps.org/maps/images/india/india-map4.gif)

인도

리치는 기후 변화에 매우 민감하여 전세계적으로 소수의 국가에서만 생산이 국한되어 있다. 인도에는 18세기에 미얀마를 통해서 리치가 도입되었고, 이후 인도에서 여러 나라로 전파되었다. 인도와

---

8 http://www.fao.org/docrep/005/AC684E/ac684e08.htm

중국은 세계 리치생산의 약 91%를 점유하고 있지만, 그것은 주로 국내시장에서 유통 및 소비되고 있다. 인도에서는 약 56.2천ha의 면적에서 매년 428,900톤의 리치를 생산하고 있다.

인도에서 리치의 까다로운 기후조건에 적합한 지역은 많지 않은데, 주로 비하르(Bihar)지역에서 인도 생산량의 74%를 생산하고 있다. 따라서 비하르지역에서 리치는 농가 및 비농가에서 많은 일자리를 제공하기 때문에 수백만 명의 지역 경제에 삶의 활기를 주고 있다. 또한 소농 및 부업농가들도 리치로 인하여 추가적인 소득을 올리고 있기 때문에 이 지역은 다른 지역보다 소득 수준이 높은 편이다.

리치의 수목은 가지가 많아 수관이 둥근 형태이며, 성장속도는 비교적 느린 편이다. 상록성의 잎은 연두색에서 짙은 녹색에 이르기까

(http://www.theguardian.com/news/2013/jun/11/picture-desk-live-the-best-news-pictures-of-the-day)
북부지역의 리치 수확

지 다양하다. 꽃은 연두색과 노란색의 클러스터 형태로 개화하고, 과일은 둥근 하트 모양으로 생겼다. 과일색은 품종에 따라 다양한데 붉은 장미색 또는 핑크색이 대부분이다. 식용부분인 과육은 종자의 표면을 감싸고 있는 가종피(假種皮)인데, 맛은 품종에 따라서 다양하며 독특한 맛을 소유하고 있다. 종자는 단단하고 둥글게 생겼는데 일부 품종은 수정의 불완전성으로 인하여 일부분만 형성되어 있다. 이러한 경우를 '닭의 혀'로 불리기도 한다. 작은 종자를 지닌 과일이 열리는 수목은 그 가치가 매우 높은데, 이는 상대적으로 많은 과육을 지니고 있기 때문이다.

비하르지역에서는 리치 과일의 중요성을 고려하여 정부에서는 연구, 생산 장려, 수확 후 관리, 마케팅, 수출 등에 필요한 기술적 지원을 제공하고 있다. 현재 인도에서는 국내 소비의 증가로 인하여 해외수출이 소량에 머물고 있다. 그리고 리치의 수출 및 원거리 국내시장 판매는 예냉(豫冷)과 유황소독을 거친 후에 2kg 상자에 포장되어 유통되고 있으며, 지역의 시장에서는 일반적으로 10kg 나무박스 또는 15~18kg 바구니에 거래된다.

인도의 리치 재배 기후조건은 다양하다. 이는 리치 생산을 길게 할 수 있는 장점이 있다. 따라서 안정된 시장과 함께 향상된 생산기술과 효율적인 수확 후 관리 및 저장기술이 보급되면 재배면적과 생산량 증가의 잠재력이 충분하다고 할 수 있다. 또한 리치는 재배면적 측면에서 인도에서 7위의 품목이고 생산량은 9위이며, 판매액은 6위에 해당하는 과일이다. 인도 전체에서는 바나나와 망고가 가장 중요한 과일이지만, 비하르지역에서는 리치가 가장 중요한 과일로 여겨지고 있다.

지난 반세기 동안 리치의 재배면적과 생산량은 현저하게 증가하였다. 재배면적은 1940년대 9.4천ha에서 1990년 56천ha로 증가하여

리치 및 열대과일 노점상

약 6배 이상 증가하였고, 생산성도 약 53% 증가하였다. 분명한 것은 현재 인도에서는 리치의 생산량과 생산성이 꾸준히 증가하고 있다는 것이다.

인도에서 재배되고 있는 리치의 품종은 기후와 토양조건에 따라 다양하다. 품종을 구분할 때는 비교적 유전적인 발현이 안정적인 과피의 형태와 융기로 구분한다. 그러나 인도의 품종은 열매의 성숙시기, 색 그리고 개화 능력 등에 의해 구분한다. 이러한 특징에 근거하여 Singh(1998)은 인도의 리치 품종을 다섯 가지 그룹으로 분류하였다. A그룹은 조생종, B와 C그룹은 중생종, D그룹은 만생종이며 E그룹은 극만생종으로 구분했다.

기후에 민감한 리치는 18세기에 동인도지역[9]에 유입된 이후 기후에 잘 적응하였다. 그러나 생산성 향상을 위한 기술 개발 필요성이 절실하며, 특히 유전적 기반의 품종 개발 투자가 필요하다. 즉 다양한 기후조건에 적절한 품종의 개발이 요망된다. 재배자들이 선호하는 품종은 과일의 크기가 크고 종자는 작으며, 과피는 균열 발생이 없고 수확시기가 다양한 것이다. 이러한 맥락에서 국가들 간의 정보 교환은 매우 유익하다. 특히, 리치는 유전적 기반이 매우 협소하기 때문에 기존의 품종들로부터 공통 유전자형을 가진 개체군의 선별을 통하여 다양한 유전적 기반을 확충시킬 필요성이 있다. 또한 고품질 묘목의 생산을 위한 빠른 증식기술과 과수를 건강하게 유지하고 성공적인 개화, 착과 그리고 지속적인 품질의 유지를 위한 영양관리의 개발도 요구되고 있다.

9 동인도지역은 Bihar, Jharkhand, West Bengal, Tripura, Uttar Pradesh, Uttaranchal, Chattisgarh, Punjab 그리고 Himachal Pradesh지역을 말한다.

인도네시아[10]

(http://www.lib.utexas.edu/maps/middle_east_and_asia/indonesia_pol_2002.jpg)
인도네시아

리치는 인도네시아에서 군소 열대과일 중의 하나이며, 같은 속(屬)의 람부탄이 훨씬 더 많이 재배되고 있고 전국적으로 널리 유통되고 있다. 또한 리치는 맛과 형태가 비슷한 용안보다 선호도가 낮은 과일이다.

인도네시아에서 재배되고 있는 리치는 발리(Bali)섬의 '타팍시링'(Tapaksiring) 궁의 정원에 자라고 있는 모수(母樹)에서 전파되었을 것으로 추정된다. 그리고 '이스트 칼리만탄'(East Kalimantan)의 숲에서 비롯되었다는 설(說)도 있다. 그러나 원산지에 대한 정확한 기록

10 http://www.fao.org/docrep/005/AC684E/ac684e09.htm

은 없다.

현재 리치의 재배는 발리섬의 해발 400~700m 지역으로 재배면적이 매우 한정되어 있다. 이 지역은 연중 4~5개월이 건기(乾期)이고, 온도는 22~31℃ 정도이며 습도는 약 80% 정도이다. 연간 강우량은 2,500~3,000mm 수준이다.

인도네시아에서 재배되는 리치는 천여 그루인 것으로 파악되고 있는데 대부분 50년 이상이다. 그러나 리치와 비슷한 용안과 람부탄은 각각 3만 그루와 4백만 그루이다.

리치는 대개 가정의 정원수와 도로변의 가로수로 재배되고 있는 실정이다. 생산성은 한 그루당 대개 약 200~300kg 정도의 과일을 수확할 수 있고, 판매가격은 kg당 7,000~10,000 루피아(Rupiah) 수준인데, 이는 US$1.00/kg 정도의 가격이다.[11]

(http://berkebundirumah.blogspot.kr/2011_01_01_archive.html)
(http://booksonbali.com/fruits-of-bali/)
인도네시아에서 생산된 리치

11 인도네시아의 화폐인 1,000루피아(Rupiah)는 미화(美貨)로 약 11센트(Cent) 정도이다.

리치는 식재 후 5년 정도부터 열매를 맺기 시작한다. 과일의 성숙은 과피의 색으로 판단하는데, 과피의 80% 정도가 붉은 색이 되면 성숙된 것으로 인식하고 있다. 수확을 할 때는 과일이 달린 클러스터를 칼이나 가위로 자르며, 발리섬에서는 11~12월이 리치의 수확적기이다. 수확된 리치는 지역의 시장이나 호텔에서 판매되는데 대바구니에 담아서 등급의 표시가 없이 묶음으로 판매된다. 동시에 일부 생산량은 가공하여서 음료수를 비롯하여 다양한 가공품으로 판매되기도 한다.

(http://trndmonitor.com/tag/indonesia/)
리치 가공품 주스

네팔[12]

(http://www.welnepal.org/images/home/nepalMap_India.png)
네팔

리치는 네팔에서 망고, 바나나와 구아바(Guava) 다음으로 주요한 아열대 과일 중의 하나이다. 네팔에서 리치의 재배 역사는 약 100년 전에 네팔을 통치했던 라나(Rana)에 의해서 유입된 것으로 알려져 있다. 라나는 과일 농사와 원예를 매우 좋아해서 인도와 미얀마에서 리치를 도입하였다고 기록하고 있다.

네팔은 지리적으로 볼 때 세 지역으로 나눌 수 있다. 테라이(Terai),

12 http://www.fao.org/docrep/005/AC684E/ac684e0a.htm

(http://hopeengaged.blogspot.kr/2013/05/where-i-shopfresh-fruit-and-veggies.html)
(http://www.whatiscalled.com/fruit-names/lychee_in_nepali/)

네팔에서 생산된 리치

구릉지대 그리고 산악지대 등인데, 이들은 해발 60m에서 8,845m에 이른다. 이러한 지역간 해발의 차이로 인하여 테라이의 아열대기후와 산악지대의 추운 온대기후가 존재하는데, 여기에서 다양한 종류의 과일을 생산하기에 적합하다. 농업은 해발 3,000m 이하에서 가능하다. 네팔은 75개 지역으로 구성되어 있는데, 이 가운데 62개 지역에서 리치의 재배가 가능한 것으로 알려져 있다. 즉, 산악지대 6곳, 구릉지대 36곳, 테라이(Terai)[13] 20곳 등 총 62개 지역이다.

리치는 아열대 작물이기 때문에 겨울철에 서리가 없는 지역으로서 건조한 토양보다는 배수가 잘 되는 습한 토양이 적합하다. 네팔의 리치 재배면적은 약 2.8천ha 수준이고, 대부분의 상업용으로 재배되는 곳은 테라이지역이다. 이 테라이 지역은 네팔의 남부이고 동부에서 서부까지 넓게 펼쳐져 있다. 열매를 맺는 리치는 214,800 그루

13 네팔(Nepal)의 테라이(Terai)는 히말라야 산맥 아래에 있는 습한 목초지대, 초원, 그리고 삼림지대를 의미한다.

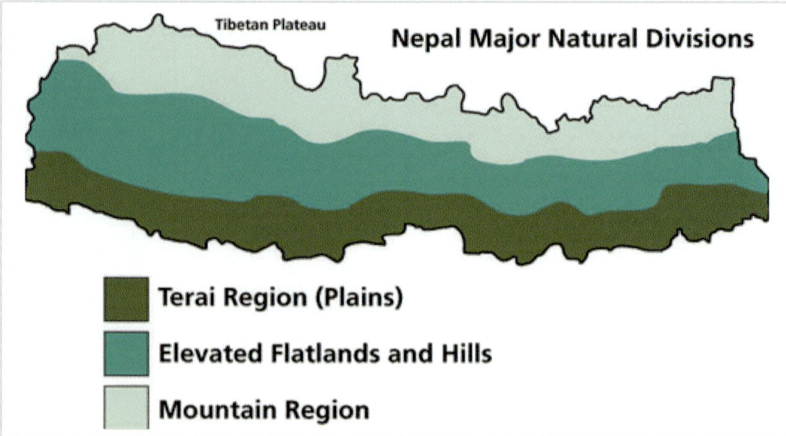

(http://1.bp.blogspot.com/-8zuNBHbcjoQ/TV6DskhF_QI/AAAAAAAAADc/6_evBqmq7Sc/s1600/blog+2.1.jpg)
(http://upload.wikimedia.org/wikipedia/commons/1/19/Terai_nepal.jpg)
테라이지역

정도이고, 면적은 1.8천ha이며 13,875톤의 리치가 생산되고 있다. 리치는 수익성이 높기 때문에 점차 과일에 대한 수요가 망고나 바나나보다도 더 빠른 추세로 증가하고 있으며, 특히 테라이지역의 리치 재배면적이 급증하고 있다.

(http://www.flickr.com/photos/angelacoles/2725664026/)
리치 및 열대과수 자전거 과일상

네팔에서는 크게 두 종류의 리치 품종이 있는데, 테라이 품종과 구릉지대 품종이다. 테라이지역의 리치 과일은 5월 중순에서 6월 중순까지 성숙하는데 상업용으로 재배되는 품종은 Mujafpuri, Raja Saheb, Deharaduni, China, Calcuttia, Hill 등과 같은 품종들이다. 구릉지대에서 재배하는 품종은 만생종이고 과일은 5월말부터 6월말까지 수확된다. 이 품종의 열매는 테라이 품종보다 더 크고 종자도 약간 크다.

현재 리치는 국내 생산량이 부족하여 국내에서 소비되는 과일의 60% 정도를 인도에서 수입하고 있다. 리치는 계약 생산자들이 과수원 소유자들과 협상을 통하여 열매가 나무에 달려 있을 때 구입하기도 한다. 과수원 소유자는 리치 한 그루에 리치가 몇 개 정도 열려있는지 알고 있다. 따라서 일단 정적한 가격에서 합의가 되면 농민들은 계약 생산자로부터 과일 생산비의 10~25%에 해당하는 금액을 선불로 받는다. 그 후에 그 계약자들은 그 과일을 지키기 위하여 경비원들을 고용하는데, 이는 과수원의 모든 책임은 농민들로부터 계약자들에게 이전됨을 의미한다. 과일이 수확되면 그 과일은 등급이 결정되고 포장되어서 과일 도매상들에게 판매된다. 도매상들은 이 과일을 다시 소매상에게 판매하고 소매상이 다시 소비자들에게 판매하는 것이다.

때로는 리치 농민조직이 리치과일을 개별적으로 수확하여서 수집센터로 운반한다. 여기에서 등급을 매기고 포장하고 무게를 달아서 과일을 도매상들에게 직접 운반하여 도매가격으로 판매하기도 한다. 개별 농민들의 판매수입의 일부는 농민조직으로 넘어간다. 농민조직의 수송비의 일부는 각 회원농민들이 리치를 판매하여 얻은 소득의 일부로 부담한다. 때로는 일부 개별 농민들은 그들의 리치과일을 도매상이나 소매상 또는 소비자들에게 직접적으로 판매하기도 한다.

네팔에서 고무적인 것은 정부의 리치 발전계획에 우선적인 관여가 없는 가운데 리치를 재배하는 면적이 증가하여 왔고, 농민들은 리치 농업에 매우 열정적이었다는 점이다. 리치 작물은 테라이 지대에서 망고나 바나나와 비교하여 정기적이고 안정적인 소득 창출 가능성이 있기 때문에 농민들 사이에 매우 매력적으로 인식되고 있다.

필리핀[14]

(http://www.gettingaround.net/test/pages/poc-philippines.php)
필리핀

필리핀에서는 지역에 따라 리치를 'Litsiyas'로 알려져 있으며, 고소득 과수작물로 인식되어 있다. 열매는 주로 신선과일로 유통되고 있고 소비자들로부터 호평을 받고 있다. 그러나 가격이 비싸기 때문에 사치스러운 과일로 취급받고 있기도 한다. 그 주된 이유는 현재 리치가 제한된 지역에서 재배되고 있어서 공급이 부족하기 때문이다.

리치가 필리핀에 도입된 시기는 정확하게 알려져 있지 않다. 가장 최초의 기록은 Wester(1916)에 의해서 중국으로부터 1910년대 초에 처음으로 저지대(低地帶)에 도입되었으나 결국 열매를 얻는 데는 실

14 http://www.fao.org/docrep/005/AC684E/ac684e0b.htm

패하였다는 내용이다. 실제로 리치는 1961년 벵게트(Benguet)지역에서 30년생 개체가 서식하고 있는 것과 라구나(Laguna)지역에서 23년 정도의 개체에서 열매가 맺는 것이 발견되었다. 이와 같이 자연 상태에서 리치의 서식은 필리핀에서 리치 재배의 가능성 보여 주고 있다.

리치는 기후요건에 매우 민감한 과일 중의 하나이다. 필리핀에서는 대략 15~19℃ 정도의 서늘한 지역에서 리치 개화 이후에 한 달 정도 건기와 따뜻하고 습도가 높은 기간이 지속되는 지역에서 재배가 가능할 것으로 생각된다. 개화를 위해서는 서늘한 기간이 필요하며, 개화 이후에 따뜻하고 습도가 높은 기간은 성공적인 착과와 발육에 매우 중요하다. 리치는 필리핀 북쪽의 벵게트지역, 산악지방, 그리고 일로코스 써(Ilocos Sur) 지방의 고산지역에서 재배되고 있는 것으로 발견되고 있다. 리치는 해발 1,000~1,380m 지대에서 잘 자라는 것으로 관측되고 있다.

(http://www.philrealty-showroom.com/realestatepropertyphilippines/lvb-1/Victoria-Fruit-Orchard-Farm-Lot-LVB1)

리치 농장 및 수확

필리핀에서는 리치가 군소 과일 그룹에 해당되고 제한된 지역에서 재배가 이루어지고 있기 때문에 정확한 통계자료는 없다. 단지 0.15ha~1.0ha의 토지를 지닌 개별 농장에서 발표한 자료에 의하면 농민들은 다양한 과수들을 식재하고 있었고, 리치는 그 많은 과수 중의 일부인 것으로 밝혀졌다. 산악지대에서는 총 125그루의 리치를 재배하고 있었고, 벵게트와 일로코스 써지역의 농민들은 각각 36그루와 31그루를 재배하고 있는 것으로 발표되고 있다.

코르디예라(Cordillera) 고원지대의 과일농장에서 리치 생산량은 연간 1.1톤 정도로 추정된다. 이 가운데 38%인 0.42톤은 농장에서 소비하였고, 60% 정도의 0.66톤은 시장 판매용, 그리고 2%의 0.2톤은 기타 용도로 처리되고 있었다. 리치의 대부분이 재배되고 있는 코르디예라지역의 과수 생산자들은 다음의 네그룹으로 분류될 수 있다. 첫번째 그룹은 전통적으로 고소득 품목인 배와 리치를 생산하는데 약 50그루 정도를 재배하고 있다. 이들은 대부분 연로한 이주민들로서 오랜 경험으로 터득한 지식과 묘목으로 과수재배를 하고 있다. 두번째 그룹은 경험이 10년 미만이고 재배하는 작물은 대부분이 오렌지이고, 이와 함께 리치, 용안, 배 등을 10~20그루 정도 재배하고 있다. 그들은 상품적 가치가 높은 과수들을 중심으로 지속적으로 생산을 확대하고 있으며 새로운 생산기법을 실험하고 있다. 세번째 그룹은 100그루 이내의 소규모 생산자들인데 대개 1~5그루의 리치, 용안, 배를 재배하고 있으며, 코르디예라지역의 과수 생산자의 다수를 차지하고 있다. 네번째 그룹은 150그루 미만을 재배하는 농민들로서 오렌지를 주로 재배하고 있으며, 과수 재배의 실패가 많아서 과일사업에 대하여 다소 비관적인 사람들이다.

고지대에서 주로 재배되고 있는 품종이 두종류가 있다. 이들은 '모리셔스'(Mauritius)와 '신코'(Sinco)이다. 모리셔스는 남아프리카에서

도입한 것이고 신코는 중국에서 도입한 품종이다. 모리셔스는 둥글고 넓은 타원형의 과일로서 선명하게 붉은 표피를 지녔고 신코보다 더 크다. 신코는 둥글고 타원형이면서 어두운 붉은색을 지니고 있다.

(http://avrotor.blogspot.kr/2012/08/dr-abe-v-rotor-this-is-series-of.html)

리치 농장 및 수확

저지대에서는 태국에서 1968년에 도입된 묘목으로부터 개발된 우수한 품종인 '올란'(Olan)이 상업용 재배되고 있다. 품종 이름은 소유자 이름에서 유래하였고, 과일의 형태는 타원형이며 1개당 과수 무게는 26g 정도이다. 이 품종은 12월부터 1월 사이에 개화하고, 과일의 수확은 4월부터 5월 사이이다. 완전히 익으면 표피가 진홍색으로 변하며, 가종피는 두께가 약 6mm 정도이고 전체 과일 중량의 61% 수준이다. 당도는 20° Brix 수준[15]이다.

상인들은 소량으로 판매하기 위해서 플라스틱 자루를 사용하며, 더 많은 양의 리치를 담기 위해서 바구리나 상자를 사용하는 경우도 있다. 이들은 수입상이나 도매상이 제공한 것들이다. 리치과일은 kg당 기준으로 판매되고 있다. 농가에서 판매 가격은 P80/kg에서 P120/kg[16] 수준이다. 필리핀에서 리치 분배는 크게 두가지 방법으로 이루어지고 있다. 첫번째, 도매상-소매상과 직접 소매상을 이용하는 방안이다. 도매상-소매상 분배망은 소매상과 기관(機關) 구매자, 그리고 최종 소비자들에게 리치를 공급하는 것이다. 그들은 벌크형태 또는 지역 내에서 소량으로 과일 노점상을 통해서 판매를 한다. 두번째 방법은 직접 소매상에 유통시키는 방식으로 이동하는 행상이나 과일판매대 소유주 그리고 소비자들에게 직접 소량으로 판매하는 것이다. 도매상-소매상 판매방식이나 직접 소매상에게 판매하는 경우에 그들은 과일을 생산자들로부터 직접 물량을 취득한다.

---

15 브릭스(Brix)라는 것은 100g의 물에 녹아있는 설탕의 g수를 말한다. 즉 물 100g에 대한 설탕농도인 당도를 의미한다. 브릭스는 독일 과학자 Adolf.F Brix (1798~1870)의 이름을 따서 만들어졌는데, 정확하게 말하면 Brix%이다. 이 단위는 수용액속에 녹아 있는 용질의 양을 %단위로 나타내는 단위로써 "가용성 고형분"이라고 해석된다. 따라서 브릭스가 높다는 것이 단순히 당도가 높다는 것은 아니다. 가용성 고형분 중에서는 당 뿐만 아니라 염, 단백질, 산 등도 포함되기 때문이다. 그러나 대개 과일의 당도를 측정하는 개념으로 사용하면서 1Brix라는 것은 100g의 용액에 1g의 용액이 포함되어 있음을 의미한다.

16 P는 필리핀 화폐 Peso의 약자이며, 환율은 $1.00=P43.40 수준이며, P1.00=₩26.27이다(2013년 7월).

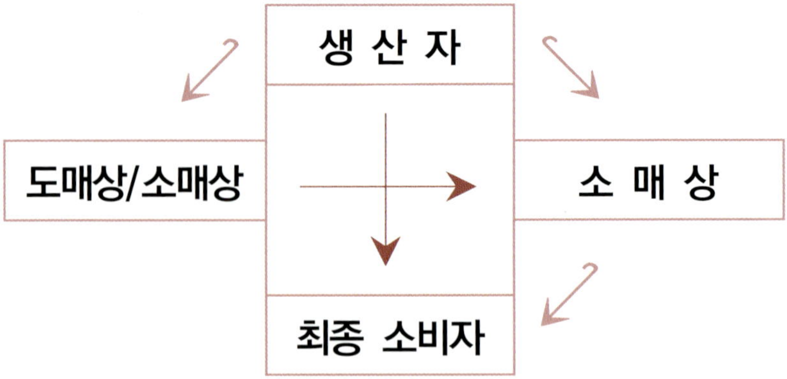

리치 유통경로

소량으로 수확하게 되면 특정 지역 내에서나 대도시 부근 그리고 지방에서 소비되어 마케팅 흐름과 상관없게 된다. 왜냐하면 생산자들이 직접 정기적으로 시장에 판매하여 이익을 얻으려 하고 있고, 일부 지역에서는 대도시 의 이웃과 친구들에게 직판하는 경우도 있다. 그러나 많은 양의 리치를 생산하는 농민들은 시장으로 전달하거나 또는 상인들로 하여금 농장에서 직접 가져가게 한다. 농민과 상인들 간의 가장 흔한 관계는 '수키'(Suki)[17] 제도이다. 이제도는 상인이 농민의 정규적 고객이 되는 것이다. 상거래에서 상인이 좋은 가격을 제시하고 때로는 농민의 과일을 대부분 구입하는 등 좋은 관계를 유지하고 있는 경우이다.

필리핀의 리치 수입증가율은 연평균 약 8%이다. 필리핀은 일반적으로 작물의 아열대 특성 때문에 생산량이 제한되어서 리치의 순수입국이다. 오래 전 1995년에는 필리핀이 1,374톤의 리치를 US$52만 어치를 수입하기도 하였다.

---

17 여기에서 'Suki'라는 말은 필리핀의 단어로서 '충성된 고객'을 의미한다.

리치의 재배는 매력을 지니고 있지만, 기후적으로 민감한 조건 때문에 필리핀 내의 많은 지역으로 확산되지 못하고 있다. 대부분의 생산자들은 규칙적인 개화와 안정된 생산성이 보장되어야 리치를 상업용으로 재배할 것이다. 그러나 이를 위해서는 정부와 민간부문 간의 협력이 필요하다. 필리핀에서 리치산업을 발전시키기 위해서는 두가지의 구체적 전략이 제시될 수 있다. 첫번째 전략은 생산량을 증가시키는 것이다. 이것은 고지대는 물론이고 저지대 조건에서도 적합한 품종 개발에 의해서 달성될 수 있다. 그리고 적절한 생산기술도 개발되어 농민들에게도 선진 기술의 교육과 훈련으로 최대 수확이 가능해야 한다. 또한 농장에서는 적절한 관개시설이 잘 갖춰져야 한다. 왜냐하면 물의 공급이 어려우면 리치의 수확량과 품질이 최저수준으로 저감되기 때문이다. 두번째 전략은 부가가치 상품을 만들어야 한다. 부가가치 상품을 만드는 방법은 가공이다. 그러나 리치에 대한 가공은 현재 생산량이 적고 가공기술이 결여되어 있기 때문에 지금 당장 선택할 수 있는 방안은 아니다. 필리핀 시장에서 거래되고 있는 대부분의 통조림 리치는 태국에서 수입한 것이다. 그렇기 때문에 필리핀은 태국과 베트남 등의 다른 나라에서 이러한 기술을 도입해야 할 것이다.

부가가치를 증가시킬 수 있는 또 다른 방법은 포장을 통해서 리치를 안전하게 보호하거나 소비자에게 매력적으로 보이게 만드는 방법이다. 또 채택할 수 있는 방법은 몇 가지 과일을 한꺼번에 판매하는 소위 말하는 '가격묶음' 방식으로 판매하는 방식이다. 이것은 과일들을 과일 바구니에 한 묶음으로 만들어서 '묶음가격'을 받는 것이다. 이 때 특별 고객에게 프리미엄 가격을 받을 수 있는 과일과 리치를 같이 판매함으로써 리치도 높은 가격을 받을 수 있다는 것이다.

열대과수 가공공장

태국[18]

태국에서 리치 재배는 중국 상인들과 이민자들에 의해서 1782년 무렵에 도입된 것으로 보인다. 주요 도입 경로는 중국 이민자들과

(http://1.bp.blogspot.com/_9XFRRzl6aZ4/SwbflEvcjEI/AAAAAAAAAA0/2RzKNZjaGPA/s1600/Thailand_map_v2.gif)
태국

18 http://www.fao.org/docrep/005/AC684E/ac684e0c.htm

상인들이 사용하였던 바닷길이고, 또 다른 방법은 산림에 거주하는 원주민들이 이동했던 육로인 것으로 추정되고 있다. 사무트 송크람(Samut Songkhram)지역에는 수령이 100년 넘은 리치가 존재하며 열대 우림지역에서도 야생 리치가 종종 발견되고 있다. 이런 리치의 직경은 흔히 1m가 넘지만 과일은 거의 열리지 않는다.

태국에서의 리치 생산은 저지대(低地帶)와 고지대(高地帶)에서 재배되고 있다. 일반적으로 리치는 식재 후 3년이면 열매를 맺는다. 과일 수확은 3월 중순부터 시작해서 6월 중순까지 계속되지만 개화와 수확의 시기는 기후적 영향, 특히 온도의 변화로 인해 매년 다르

(http://www.123rf.com/photo_10294139_thai-lychee-in-the-garden.html)
과수원에서 성숙해가는 리치

게 나타나고 있다. 이러한 수확량의 변화가 리치 생산에 불안정한 요인이다. 태국에서 재배되고 있는 리치 품종은 온도 조건에 근거하여 두 그룹으로 나눌 수 있다.

● **온건한 저온(低溫) 품종 :** 주로 저지대와 태국의 동부와 서부를 포함한 중앙지역에서 재배되고 있다. 적어도 10개 이상의 품종이 재배되고 있는 것으로 기록되고 있지만, 그 중에서 가장 중요한 품종은 '콤'(Kom)이라고 하는 키가 작은 품종이다.

● **저온 품종 :** 태국의 북쪽에서 재배되고 있으며 품종은 소수이다. 가장 낮은 온도에서 생존하는 품종은 홍화이이며, 이 품종은 전체 재배면적의 2/3 이상을 차지하고 있다. 그 외에도 '차크라파드'(Chakrapad)라는 품종이 있는데 열매가 크기 때문에 가장 높은 가격에 거래되고 있는 고부가가치 품종이다.

태국은 전세계에서 네번째로 많은 리치를 생산하고 있다. 매년 전국적으로 약 22.9천ha의 면적에서 85,000톤의 리치를 생산하고 있다. 생산 시기는 3월부터 6월 사이이다. 태국의 리치 생산자들은 소수의 리치 개체와 소규묘에서 재배하는 영세소농들이 대부분이다. 대부분의 리치 생산은 북쪽지역에 집중되어 있다. 창마이(Chiang Mai)지역은 8.3천ha, 창라이(Chiang Rai)지역에서는 5.8천ha를 재배하고 있어 태국 전체 리치 재배면적(22.9천ha)의 60%를 차지하고 있다.

(http://www.freshplaza.com/news_detail.asp?id=95857)

홍화이품종

(http://www.freshplaza.com/news_detail.asp?id=95857)

리치 수송을 위한 냉각차량

(http://www.taste.com.au/recipes/28008/lychee+mango+coconut+terrine)
(http://www.thaimartaustralia.com.au/product.php?id_product=166&id_lang=7)
(http://www.agfg.com.au/guide/recipes/recipe/lychee-martini-)
리치 가공품

일반적인 경우처럼 수출업자와 중간상인이 리치 마케팅 체제에 가장 큰 영향력을 가지고 있다. 현재 태국의 리치는 육로를 통해서 말레이시아와 싱가포르로 수출되고 있고, 홍콩과 유럽 등은 비행기로 수출되고 있다. 특히 홍콩은 태국 리치의 최대 수입국이고, 말레이시아와 미국은 리치 가공품의 주요 수입국이다. 일반적으로 등급이 좋은 과실은 신선과일로 소비되고 선별과정에서 등급에 미달하는 과일은 가공품의 원료로 판매되고 있다.

리치는 태국에서 100년 이상 상업용으로 재배되어 왔다. 그러나 리치의 해거리 현상은 세계의 생리학자들에게 주어진 큰 숙제로 남아 있다. 현재 엘니뇨 현상[19]은 평균 수확량의 40% 정도에 그칠 정도로 리치 수확에 큰 영향을 미치고 있다. 리치의 불안정적인 개화 및 결실 문제에는 단순한 해답이 없다. 기후조건 특히 부적합한 냉온은 개화에 악영향을 미치고 있다.

19 '엘니뇨'(El Nino)란, 태평양의 해수 온도가 높아져 일정 기간(대개 9월부터 익년 3월까지) 지속되는 현상을 말한다. 이 기간에 물고기의 포획량이 감소하여 페루 사람들은 작은 크리스마스 파티를 열었다. 이런 기간을 스페인어로 '남자 아이'와 '아기 예수'를 뜻하는 '엘니뇨'라고 했다. 보통 2~7년을 주기로 반복되면서 나타난다. 엘니뇨와 반대로 수온이 차가워지는 현상은 '라니냐'(La Nina)라 불리는데, 이는 스페인어로 '여자 아이'라는 뜻이다. 두 현상은 진동하는 추처럼 번갈아 나타나며 지구의 기후에 영향을 주고 있다.

베트남[20]

(http://www.lonelyplanet.com/maps/asia/vietnam/map_of_vietnam.jpg)
베트남

베트남의 리치는 중국의 남부에서 유래되어 오랫동안 재배되어 온 것으로 여겨지고 있다. 프랑스 과학자에 의해서 1942년 바비(Bavi) 산기슭에서 야생 리치가 발견된 것이 베트남의 최초 리치에 대한 기록이다. 지난 1970년에 부콩하우(Vu Cong Hau, 베트남의 산업 및 과일 작물연구소 前소장) 교수와 그의 동료들이 빈푹(Vinhphuc Province)의 타마다오(Tamdao)지역과 쾅빈(Quangbinh Province)의 투엔호아(Tuyenhoa)지역의 숲속에서 많은 야생 리치를 발견하였다. 베트남의 전설에 의하면 베트남의 '마이 왕조'(Mai Dynasty)시대의 한 왕이 베트

20 http://www.fao.org/docrep/005/ac684e/ac684e0d.htm

남의 귀한 과일이었던 리치를 중국의 황제에게 제공했다고 한다. 이것은 리치가 베트남의 토착 과일화되어 오랫동안 서식되었다는 부분적인 증거이다.

베트남 북부지역의 기후는 겨울철이 짧고 건조하며 약간 서늘하다. 그리고 여름은 길고 무더우며 비가 많이 오기 때문에 습도가 높아서 리치의 성장에 매우 적합하다. 결국 야생 리치는 베트남에서 오래 전부터 잘 자라왔을 것으로 생각된다. 베트남은 연간 35,4천ha의 리치 면적에서 약 5만 톤 정도를 생산하는 것으로 추정되고 있다. 최근에는 상업용 리치의 생산이 빠르게 증가되고 있으며, 수확은 5~6월 사이이다. 생산된 리치의 약 75% 정도가 국내에서 소비되고 있으며 25% 정도는 수출되고 있는 실정이다.

북부지역의 리치 농장

(http://snoofy.name/lychee-fruit-tree%26page=4)
리치 통조림상품

베트남의 리치는 해둥지역(Haiduong Province)에서 유래되었던 것으로 파악되고 있다. 그리고 시간이 흐르면서 베트남 북부지역에서 다른 지방, 특히 베트남 중앙지역까지 확산되었다. 현재는 하노이(Hanoi)를 중심으로 북쪽 100km 지점인 박강(Bacgiang Province), 동쪽 60km 지점인 해둥(Haiduong Province), 동쪽 약 200km 지점인 쾅닌(Quangninh Province), 그리고 서북쪽 약 40km 정도 떨어진 하타이(Hatay Province) 등지에서 상업용으로 많이 재배되고 있다.

리치 농장과 노점상에 진열된 리치

현재 베트남에서 재배되고 있는 품종에 대한 과학적 분류, 특히 토종 품종에 대한 분류가 되어 있지 않은 실정이다. 이러한 현실 때문에 기존의 리치 품종은 주로 지역주민들에 의해서 이름이 결정되었는데, 대개 성숙된 과일의 겉모습, 즉 형태와 색깔을 기초로 해서 이름이 유래되었다. 그렇기 때문에 정확한 리치 품종의 숫자는 실제 이름의 숫자보다는 훨씬 적을 것으로 생각된다. 왜냐하면 실제적으로는 동일한 품종일지라도 지역에 따라서 다른 이름으로 작명되어서 불리고 있을 수 있기 때문이다.

(http://duyanh.org/)
리치 시장의 모습

전반적으로 베트남 북부는 리치산업 발전의 높은 잠재력을 보유하고 있다. 현재 리치산업의 발전을 위해서는 다음과 같은 문제들이 해결되어야 할 것이다. 대규모 생산을 위한 품종 육종과 재배기술 향상 및 수확 후 관리에 관한 연구를 추진해야 하고, 저온저장과 포장시설에 대한 설비 투자를 증가시켜야 한다.

최근 남부지역에서는 하천을 이용한 열대과수와 채소 운반 및 외국 원조에 의한 가공공장 설비투자가 추진되고 있다. 남부지역에는 열대과수 및 채소류를 생산할 수 있는 넓은 토지와 하천이 많이 분포하고 있다. 만약 열대과수 및 채소류의 수집 및 운반을 배로 대체하면 운송비용이 절감되기 때문이다.

선박을 이용한 열대과일 수송 및 이와 연계한 가공시스템

Chapter 5.

리치 생산의 경제성

아시아에서 리치의 평균 생산성은 4톤/ha 정도인데, 호주나 중국 등에서 식재밀도가 높고 집중적 관리를 할 경우 최고 15톤까지도 생산이 가능하다. 가격은 해마다 계절별로 그리고 품종별로 변동한다. 광동성에서의 조생종 가격은 US$ 2.00/kg인데 계절의 중간에는 절반 정도의 가격에 거래된다. 수확량이 적을 때는 '누오미씨'(Nuomici)나 '콰이메이'(Kwai May)와 같이 작은 씨앗을 지닌 우량 품종인 경우 US$ 10.00/kg 정도에 거래되고 있다. 일반적으로 수출가격은 국내가격보다 높다.

리치 생산자들의 수익성에 대한 정보는 거의 없는 형편이다. 그러나 일반적으로 호주에서 리치는 아보카도(Avocado), 마카다미아(Macadamia) 그리고 망고(Mango)와 같은 과수와 같은 수준의 이윤을 남길 수 있다고 한다. 리치 산업에서 과일의 수확, 포장 및 유통이 가장 높은 비용이 소요되는데, 이 비용은 총비용의 65% 정도를 차지하고 있다. 따라서 재배비용의 절감노력은 별로 효과가 없고, 수확

(http://www.daleysfruit.com.au/my/myedibles/fruit/macadamia/)
마카다미아

과 포장의 효율성 향상이 경제적으로 효율적이라고 생각된다. 그러나 노동비가 낮은 아시아 다른 지역에서도 이와 같은 경향이 나타나는지의 여부는 알려져 있지 않다.

생산성

리치의 생산량은 품종과 시기 및 국가 등에 따라서 변동폭이 크다. 중국에서는 10년 수령의 리치 경우 약 100kg의 과일을 결실하고, 평균 생산량은 2~5톤/ha 수준이라고 보고되고 있다. 물론 관리를 잘하고 식재밀도가 높다면 15톤/ha의 생산도 가능하다. 그러나 과밀한 식재와 부적절한 급수, 노린재와 과일 천공충 등을 소홀하게 취급한다면 생산성이 낮아질 것이다. 또한 겨울의 따뜻한 온도도 개화를 감소시켜 생산성을 감소시킬 수 있다.

인도의 자료에 의하면 관개시설을 잘 갖춘 과수원에서 생산량이 비교적 높은 경향을 보이고 있는 것으로 나타났다. 그리고 최근 10년 사이에 생산량이 50%나 증가하여 7톤/ha 수준을 나타내고 있다.

네팔에서는 수령이 10년생인 수목의 경우 생산량이 40~100kg으로 개체간 변화가 많이 나타났지만 일반적으로 높은 생산량은 과수 관리와 관개시설이 있는 과수원이었다.

호주의 경우 수령이 10년생인 수목은 최대 80kg 정도의 생산량을 보이고 이지만 평균은 그 절반수준이다. 그리고 남부지역의 퀸즈랜드에서는 '콰이메이 핑크'(Kwai May Pink)의 생산량은 개체당 40kg 또는 11톤/ha인 것으로 알려져 있다. 만약 박쥐나 새들의 피해를 막으면 생산량을 더 증가시킬 수 있다.

가격

중국 광동지역의 조생종인 '섬이홍'(Sum Yee Hong) 품종은 보통의 품질일 경우 US$ 2.00/kg에 거래되지만 생산량이 풍년일 경우 가격이 US$ 0.50/kg로 하락한다. 그러나 소비자들이 선호하는 '누오미씨'(Nuomici)나 '콰이메이'(Kwai May) 품종의 경우에는 US$ 15.00/kg에 거래되기도 한다.

베트남에서 리치는 수익성이 높은 과일이다. '룩간'(Luc Ngan)지역에서는 개별 농민이 100그루 정도의 리치를 재배하는데 노동자의 평균 소득은 US$ 700~1,100 수준이다. 이는 지방정부 공무원의 연봉이 US$ 400임을 감안하면 매우 높은 수준이다. 참고로 국민소득은 2011년 말 현재 US$ 1,392 수준이다.

태국에서의 평균 농가수취가격은 US$ 1.50/kg인데 이는 용안가격의 두 배 수준이다. 지난 1997년에는 신선 리치 11,000톤을 US$1,300만에 수출하였고, 27,000톤의 통조림 리치는 US$3,800만에 수출하였다. 필리핀은 리치의 순수입국으로서 US$0.30/kg에 판매된다. 이 가격은 지난 1~2년 사이에 하락하였으나 아직도 통상적인 지역과일 가격보다 높은 수준이다.

호주의 리치 가격은 품질, 수요와 시기에 따라서 US$ 1~6/kg의 변동폭을 보이고 있다. 평균 가격은 US$ 2.50/kg인데, 이는 예상 가격보다 다소 높은 수준이다. 퀸즈랜드(Queensland)지역의 북부에서 생산되는 조생종 '페이지슈'(Fay Zee Siu) 품종이 가장 높은 가격에 거래되고 있다.

수익성

호주 퀸즈랜드지역의 리치산업의 수익성을 평균 생산량 4.6톤/ha와 평균가격 US$1.50/kg 기준(평균보다 낮은 수준)으로 분석하였는데, 가격이 10% 인상되었을 경우의 수익성이 재배비용을 50% 이상 절감했을 경우에 얻은 수익성보다도 더 높은 것으로 나타났다. 이것이 주는 의미는 매우 중요하다. 왜냐하면 과일의 가격관리를 향상시키는 것이 재배비용을 절감시키는 것보다 훨씬 더 높은 이윤을 증가시킬 수 있다는 것이기 때문이다(FAOb, 2002).

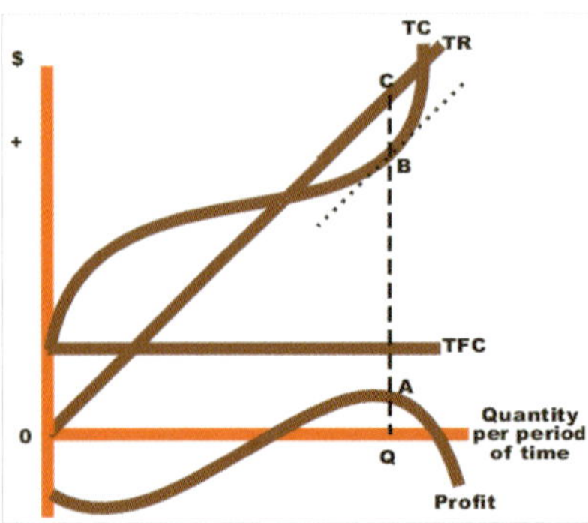

총수입, 총비용 및 이윤

퀸즈랜드 남부에서 20년 이상 11ha 면적에서 '콰이메이핑크'(Kwai May Pink)의 수익성을 연구한 결과가 발표되었다(FAOb, 2002). 분석에 사용한 생산량은 11톤/ha(275그루/ha), 판매가격 A$ 5/kg 그리고 과일 보호를 위한 네트비용A$ 16,500/ha를 기준으로 삼았다. 이 때, 총비용의 65%를 차지하는 것은 수확, 포장 및 유통 비용이었다. 이러한 결과는 수확과 유통의 효율성 향상을 통하여 이윤을 얻을 수는 있으나 관개, 시비, 농약살포 등을 감소시키려는 노력은 이윤에 별로 기여를 하지 못한다는 것이었다. 따라서 수익성을 추정한 결과, 총매출액 A$ 55,000/ha에서 반복되는 경상비 A$ 21,000/ha을 차감한 이익금은 A$ 34,000/ha(US$ 31,253/ha) 수준이었다.

(http://anunbalanced.blogspot.kr/2011/11/lychee-netting.html)
리치 과수원의 새나 박쥐의 피해 방지용 네트

호주 북부지역에 있는 '페이지슈'(Fay Zee Siu) 품종의 13ha 농장의 수입과 지출을 분석한 결과가 있다. 여기에서 단위면적당 생산량은 3.7톤/ha(154그루/ha), 판매가격은 A$ 8.00/kg이고 새나 박쥐의 피해 방지를 위해서 리치위에 설치하는 네트 비용은 A$ 6,000/ha로 가정하였다. 이 분석에서는 총매출액 A$ 30,000/ha에서 반복되는 경상비

A$ 11,000/ha를 차감하여서 총매출 이익금은 A$ 19,000/ha로 산출하였다. 수확과 유통비용이 가변비용의 87%를 차지하여 수익성에 영향을 미치는 중요한 두 가지 요인은 생산량과 판매가격이었다.

고밀도 식재의 수익성

Menzel et al(2000)은 호주의 각기 환경이 다른 과수원 3곳에서 수익성 분석을 하였다.

1. 네트를 사용하지 않고, 150그루/ha의 규모(저밀도 식재)이고 전정을 하지 않은 과수원.
2. 네트를 사용하고 전정을 한 150그루/ha 규모(저밀도 식재)인 과수원.
3. 네트를 사용하고 전정을 한 300그루/ha 규모(고밀도 식재)인 과수원.

전정과 네트 설치를 하면 수익성이 좋아지는 것으로 분석되었고, 특히 리치를 밀식 재배하면 생산량 증가에 의한 수입금이 더 많아짐을 알 수 있다.

▌전정, 네트, 식재밀도에 따른 생산량과 수익 효과(호주) ▌

구 분	잠재적 생산량(kg/그루)				
	10	20	30	40	50
	저밀도 식재(無전정, 無네트)				
생산량(kg/그루)	6	12	18	24	30
생산량(톤/ha)	0.9	1.8	2.7	3.6	4.5
수익(US$ 1,000/ha)	4.50	9.00	13.50	18.00	22.50
	저밀도 식재(전정, 네트)				
생산량(kg/그루)	7	14	21	28	35
생산량(톤/ha)	1.1	2.1	3.2	4.2	5.3
수익(US$ 1,000/ha)	5.25	10.50	15.75	21.00	26.25
	고밀도 식재(전정, 네트)				
생산량(kg/그루)	7	14	21	28	35
생산량(톤/ha)	2.1	4.2	6.3	8.4	10.5
수익(US$ 1,000/ha)	10.50	21.00	31.50	42.00	52.50

주 : 새들과 박쥐에 의한 생산량 감소는 30%, 병해충으로 인한 생산량 감소는 10%로 가정. 전정으로 인한 생산량은 전정을 하지 않은 개체보다 30% 정도 감량된 것으로 가정. 저밀도 식재는 150그루/ha이며 고밀도 식재는 300그루/ha로 가정. 과일 판매 가격은 A$ 5/kg로 가정.

(http://matthartzell.blogspot.kr/)

고밀도 식재

마다가스카르의 수출용 리치

Chapter 6.

국제무역[1]

국제무역 동향

아시아 태평양지역에서 생산되는 대부분의 리치는 생산지역 인근에서 소비되고 있는 실정이다. 그 중에서 소량만이 유럽과 북미지역 등으로 수출되고 있다. 특히 주목할 만한 생산국은 남아프리카공화국로서 지난 1991년~2002년 사이에 리치 재배면적이 1.5천ha에서 3.0천ha로 증가하였다. 전세계적으로 거래 되고 있는 리치 무역량은 연간 총 10만 톤 수준인데, 이중 1/3 정도는 남아프리카공화국과 마다가스카르에서 유럽으로 수출되고 있다. 지난 2010년 마다가스카르에서는 32명의 리치 재배자(리치 생산자들의 90%정도 비율) '리치 재배자 협회'를 조직하였고, 이들은 유럽으로 17,500톤의 리치를 수출하였다.

1 Evans, Edward A. and Robert L. Degner. 2005. Recent development in world production and trade of lychee(*Litch chinensis*): Implications for Florida growers, Proceedings of the Florida State Horticultural Society 118:247-249.

(http://www.sciencephoto.com/media/414061/view)

마다가스카르의 수출용 리치

중국에서는 리치를 신선과일, 건조과일 또는 가공품으로 판매하고 있다. 수확은 5월 하순부터 7월 초순까지 약 6주간 진행되며, 풍년일 경우에는 광동성, 광서성 그리고 복건성에서 최대 생산량의 1/3까지 '리치 너트'를 제조하여 유통한다. 리치는 햇볕이나 오븐을 통해서 건조시키는데 맛은 변하지 않는다. 가공은 별로 많지 않아서 연간 2,500톤 정도만 통조림을 만들거나, 냉동 또는 발효시킨다. 냉동시키거나 통조림된 제품은 주로 미국, 일본, 한국, 그리고 호주로 수출된다. 통조림에 사용되는 주요 품종은 '학 잎'(Hak Ip)과 '와이치'(Wai Chee) 품종이다.

중국의 리치 홍보 및 수출

또한 중국은 홍콩과 싱가포르를 상대로 매년 1~2만 톤 정도 수출하고 있지만, 이는 중국 총생산량의 2% 정도에 불과하다. 타이완 역시 홍콩, 필리핀(2,000톤), 미국(1,200톤), 캐나다(1,000톤), 일본(1,000톤), 싱가포르(500톤) 등으로 수출을 하는데, 유럽으로의 수출량은 소량이며 주로 프랑스, 독일, 영국 등을 대상으로 거래가 이루어지고 있다. 특히 유럽 시장은 크리스마스와 새해 사이에 활발하게 거래되고 있으며, 주요 리치 공급국은 마다가스카르가 80% 그리고 남아프리카가 12.6% 정도이다.

국제 시장에서 중국 리치의 평균가격은 US$ 2.50/kg 수준인데, 수확기의 피크 때에는 중간 수준의 품질에 해당하는 리치는 US$ 0.50/kg 정도로 매우 낮고, 고품질이며 씨앗이 작은 '누오미씨'(Nuomici)와 '콰이메이'(Kwai May) 품종은 US$ 10/kg 수준에 거래가 될 정도로 가격의 차이는 매우 크다. 리치의 국가별 평균 소매가격은 싱가포르와 영국이 US$ 6/kg이고 북미 US$ 15/kg 정도이다.

그리고 아랍에미리트 연합(United Arab Emirates), 사우디아라비아, 예멘, 레바논, 두바이, 캐나다 등에서 리치 수요는 급증하고 있어 신선 리치를 수 백 톤씩 소화시킬 수 있는 소비 시장을 보유하고 있다. 총생산량의 25~30%를 수출하는 호주를 제외하고, 다른 리치 생산국들은 총생산량의 매우 낮은 비율(0.2~5.5%)을 수출하고 있다. 그 주된 이유는 모든 리치 생산국은 국내 시장이 클 뿐만 아니라 적절한 냉장 시스템과 기타 수출시설이 부족하거나 결핍되어 있기 때문이다.

베트남 리치 생산량의 70% 정도는 생산지 주변의 시장에서 거래되고 있으며, 나머지는 중국, 홍콩, 그리고 아시아 태평양지역의 기타 국가들과 유럽에 수출이 되고 있다. 대부분의 베트남 리치는 신선과일로 판매되고 있고, 소량이 건조, 통조림, 그리고 주스 형태로 판매된다. 수확기의 피크에는 리치가 중국으로 수출이 된다는 것이 다소 놀라운 일로 여겨진다.

태국은 동남아지역에서 중요한 리치 수출산업을 이루고 있는 국가이다. 말레이시아와 싱가포르로의 수출은 주로 도로를 통해서 이루어지고 있으며, 홍콩이나 유럽으로의 수출은 항공편으로 운송되고 있다. 홍콩은 주로 신선 리치과일로 9천 톤 정도 수입하고 있으며, 말레이시아와 미국은 통조림을 각각 6천 톤 정도 수입하고 있다. 이들 수출금액은 US$ 4천만 정도로 태국 리치 총생산량의 10~20%

정도를 수출하고 있다.[2] 태국의 장점은 중국이나 인도보다 리치의 수확시기가 빠르기 때문에 사장에서 판매에서 매우 유리하다. 판매가격은 US$ 1.50/kg 수준이다.

태국의 컨테이너 항구와 여성총리 잉락 친나왓

태국은 유럽시장을 놓고 남아프리카와 마다가스카르로부터 강력한 경쟁에 직면해 있다. 유럽 시장은 남반구의 생산 피크기인 12월과 익년 1월 사이에 3만 톤 정도의 물량을 소화시킬 수 있는 시장이다. 그러나 호주는 유럽시장에서 경쟁국들보다 유리한 입장에 있는데, 그 이유는 항공수송을 통하여 유황을 사용하지 않고 리치를 공급할 수 있기 때문이다. 아프리카에서는 수송량의 대부분을 최근까지 냉동컨테이너를 이용하면서 이황산가스를 처리하여왔다. 현재 유럽 시장에서 호주의 리치 생산자 수익금은 수송과 기타 비용을 제외하고 US$ 3.00/kg 정도이다. 호주 내에서 대부분 리치는 신선한 상태로 유통이 되고 있어 가공품은 거의 없는 실정이다.

호주의 리치 생산량은 국제적 기준으로 보면 비교적 약소한 입장

2 참고로 용안(Longan)의 수출금액은 이보다 2배 이상 많으며, 수출량은 총 생산량의 50%나 된다. 용안의 가격은 US$ 3.00/kg 수준으로 리치의 두 배 수준이다.

이지만 해외 수출에 역점을 두고 있다. 따라서 생산량의 약 30%를 홍콩, 싱가포르, 유럽, 태평양 및 일부 아랍 국가들에게 수출하고 있다. 지난 1990년대 초에 주요 생산지역에 마케팅 그룹이 설립되었는데, 이들에 의해서 호주 생산량의 절반 정도를 이들 마케팅 그룹이 수출하고 있다. 이들 마케팅 그룹은 등급기준, 수확 후 관리와 품질 확인 등에 주의 및 관리를 하고 있다. 비수확기에는 중국 등의 수입량에 대해 동일한 기준을 적용하면서 관여하고 있다. 이러한 적용이 성공적이면 호주에서도 중국으로 직접 수출이 가능할 것으로 여겨진다. 현재는 대부분의 호주과일이 홍콩을 통하여 중국으로 반입되고 있는 실정이다.

인도는 중국 다음으로 많은 리치를 생산하는 국가인데, 풍년인 경우에는 50만 톤 이상을 생산한다. 그러나 생산량의 대부분은 국내에서 소비되었으며 최근까지는 수출에 별다른 관심이 없었다. 그러나 유통조합의 발전과 수확 후 기술의 향상으로 인하여 최근 중동지역으로 수출하기 시작하였다.

대부분의 국제 시장에서는 과육이 달고 종자가 작으면서 과육이 크고 색깔이 아름다운 품종을 선호한다. 독특한 향과 단단한 과육 그리고 '치킨 혀'(Chicken tongue)같은 종자의 크기가 작은 품종의 열매가 아시아 시장에서 인기가 있지만, 유럽이나 태평양 및 북미지역에서는 이러한 것에 그다지 관심을 두지 않고 있다. 특히 유럽에서는 훈증된 과일에서 발견되는 유황 잔류물에 관심이 커서, 이제는 유황을 이용한 신선도 유지 기술이 점차 사라지고 있다. 호주와 같은 나라에서는 일본이나 미국으로의 과일 수출에 대한 장벽이 존재하는데, 그 이유는 과일파리와 관련된 방역분제가 걸림돌이 되고 있기 때문이다.

UN의 FAO는 신선 리치의 수출에 관하여 CODEX[3] 기준을 개발하였다. 성숙한 리치 과일은 붉은 색의 과피가 대부분을 차지해야 하고 녹색부분은 작은 부분이여야 한다는 것이다. 리치 열매의 직경은 20~25mm 이상이어야 2등급 또는 표준 등급에 해당된다. 그리고 직경이 33mm 이상이 되면 특(特)등급으로 분류된다. 전체 가용성 고체분(固體粉)은 18% 이상이어야 하며, 과육에 남아 있는 유황 잔류물은 kg당 10mg을 초과해서는 안 된다.

로마에 있는 FAO 본부

3 여기에서 'CODEX'라는 말은 Codex Alimentarius의 준말로서 'Book of Food'(식량의 책)을 뜻한다. 이에 관한 Codex Alimentarius Commission(CODEX 위원회)는 1961년 FAO에 의해 창립되고, 1962년에 WHO(World Health Organization, 세계보건기구)가 합세한 국제위원회이다. 이들은 1963년에 전 세계 소비자의 건강보호와 식량무역의 공정거래를 보장하기 위하여 조화로운 국제식량기준, 지침, 실행규약을 만들었다.

건조된 리치의 과피(果皮)는 원래의 색을 잃고 황갈색으로 되고 부서지기 쉽다. 과육은 암갈색에서 거의 검정색이 되고 줄어들어서 건포도 같이 된다. 리치 열매를 밀실의 에어컨 방에 걸어놓기만 해도 완벽하게 건조된다. 그러나 중국에서는 줄에 걸어둔 바구니에 리치를 담아서 햇볕에 말리고, 밤이 되거나 비가 오면 다시 실내로 옮겨서 건조시킨다. 습도가 높은 날씨에는 벽난로를 이용하여 리치를 건조시키기도 한다. 한때 미국은 중국의 건과(乾果)의 수입을 거부한 시기가 있었는데 이때 인도가 미국 수출시장에 뛰어들었다. 수출시장은 언제나 이처럼 경쟁적이다. 실험적으로 리치를 건조시킬 때는 과일을 0.5% 황산구리액에 2분 정도 담궈서 소독을 한다. 바구니에서 리치를 건조시키려면 15일 정도가 소요되며 과피가 얇아서 건조된 과일에 균열이 생기는 경우를 제외하면 쉽게 건조되는 편이다. 균열을 방지하려면 그늘에서 2일 정도 건조시키다가 햇볕에 건조시켜야 한다.

건조시킨 리치

(http://www.juicebenefits.net/lychee)
리치 가공품 : 아이스크림, 캔디, 와인, 건조리치

과육이 암갈색으로 변하게 하는 대신 고품질 밝은 색깔을 유지하려면 끓는 물에 5분간 데치고 메타중아황산칼륨 2%에 48시간 담갔다가 건조하기 전에 구연산에 다시 담군 후 건조시키면 우수한 품질과 색깔을 지닌 건조 리치를 만들 수 있다. 이렇게 건조시킨 리치과일은 상온에서 통조림에 보관하면 1년 정도는 그 질감이나 맛이 변하지 않는다.

이미 앞에서 설명한 바와 같이 리치는 대부분 신선한 과일로 소비되고 있지만, 이를 가공하여 건강에 유익한 주스나 와인, 아이스크림, 건조시킨 리치 너트, 리치 캔디, 리치 껌 등으로 소비되기도 한다.

국제무역의 주요 인자

리치의 국제무역에서 영향을 미치는 주요 인자는 크게 세가지로 요약할 수 있다. 첫째, 중국의 리치 생산량, 둘째, 수확 후 관리와 수송 기술, 그리고 셋째, 미국 농무부 동식물 검역소(Animal and Plant Health Inspection Service, APHIS) 규정의 변경 등이라고 할 수 있다.

첫번째 요인인 중국 리치 생산량 증가의 경우, 지난 10년 사이 중국에서 리치 생산량은 150만 톤 정도로 증가하였다. 이러한 추세로 재배면적이 확대되면 생산량은 앞으로 수년 내에 250만 톤 수준으로 증가될 것으로 전망되고 있다. 이처럼 괄목할 만큼의 생산량 증가는 중국 내의 문화적 요인과 정부의 지원에 기인한다고 할 수 있다. 문화적 요인은 리치의 재배는 중국에서 장기적인 투자로 인식되고 있다는 점이다. 또한 중국 정부는 지난 10년 간 "부유하기 원하면 과수를 심으라!"는 구호와 더불어서 금융적 지원과 정책 지원을 통하여 과수 생산을 장려하고 있다. 그래서 광동성의 리치 생산지역에서는 많은 농민들이 리치를 심기 시작하였던 것이다. 그리고 중국의 국영은행은 수익성이 있는 농산업 분야에 저금리로 엄청난 융자를 제공했다. 이러한 정책적 지원의 결과 리치에 대한 중국 내수시장에서 과잉공급이 발생하였고, 이는 다시 적극적인 해외시장을 개척하게 만들었다. 중국시장의 평균가격은 US$ 2.50/kg인데, 가격의 범위는 최저 US$ 0.50/kg(중간 품질)에서 US$ 10.00/kg(고품질)의 범위이다. 여기에서 가격수준이 최고인 품종은 '누오미씨'

(Nuomici)와 '콰이메이'(Kwai May)로 종자가 작다는게 가장 큰 이유이다. 싱가포르와 영국에서의 평균가격은 US$ 6.00/kg이고 미국에서의 평균가격은 US$ 15.00/kg 수준이다.[4] 이러한 가격을 생각한다면 미국시장이 중국의 리치에게 왜 매력적인 시장인지를 발견하기 어렵지 않다.

두번째 요인인 수확 후 관리와 수송의 기술혁신이 미국시장으로의 큰 수출에 크게 기여하고 있다. 과거 수출을 저해하는 주요 문제는 리치의 부패와 색깔이 갈색으로 변하는 문제였다. 리치과일의 보존기간은 약 17일 정도이기 때문에 신선한 리치를 배를 이용하여 중국에서 미국으로 수송하기 매우 어려운 실정이었다. 물론 항공 수송이 가능하지만 높은 수송비 때문에 이윤성이 없기 때문에 많이 이용되지 않고 있다. 그러나 냉장기술과 주위환경을 제어하는 컨테이너의 이용은 신선도를 유지하면서 장거리 이동을 위한 선박 운송으로 사용된다. 컨테이너 냉장기술은 신선도를 40일까지도 유지할 수 있다.

세번째 요인이 가장 중요한데 '미국 농무부 동식물 검역소'(Animal and Plant Health Inspection Service, APHIS) 규정의 변경으로 리치도 아시아로부터 수입이 허락된 것이다. 과거에는 주로 중국과 타이완이 '과일파리 위험지역'으로 지정되어 신선 리치가 미국으로의 수출이 금지되었었다. 그러나 지난 1995년에 발효된 세계무역기구(World Trade Organization, WTO)의 위생 및 검역 협정(Sanitary and Phytosanitary Agreement)에 따라 검역규정이 개정되어 아시아의 신선과일에 대한 교역이 촉진되었던 것이다. 이 때 처리방법은 냉장처리, 온수에 잠수, 훈증, X선 사용 등이 있는데, 이 중에서 수출업자들 사이에서는 냉장처리가 가장 선호되고 있다.

4 미국에서는 아직도 파운드(lb) 시스템을 사용하고 있기 때문에 파운드 단위당 가격을 kg 단위당 가격으로 변환시켰음을 밝혀둔다(1.00lb = 0.45359kg).

용안

Chapter 7.

리치산업 발전전략

리치는 동남아시아가 원산지이며, 이 지역의 많은 사람들의 삶과 경제에 크게 기여를 하고 있다. 리치는 중국, 인도, 베트남, 태국, 방글라데시, 그리고 네팔 등지에서 중요한 과일로 인식되고 있다. 그리고 호주와 필리핀 및 인도네시아에서도 점차 리치가 중요한 품목으로 자리매기고 있다. 전세계에서 매년 약 2백만 톤 정도가 생산되고 있는데, 그 가운데 약 95%를 아시아 태평양지역이 차지하고 있는 실정이다. 그러나 리치산업이 빠르게 확대 및 발전하는데 많은 장애물이 있는데, 이러한 어려운 이유들을 살펴보면 다음과 같다.

국 가	제 약 요 인
중 국	불규칙적인 개화와 결과, 과일의 짧은 저장수명, 비효율적 마케팅 시스템, 과수원의 불확실한 생산과 품질, 서리피해, 풍해
베트남	불규칙적인 개화와 결과, 수확 후 저장수명 유지에 필요한 장비 부족, 품종기반 빈약
태 국	불규칙적인 개화와 결과, 높은 비료가격과 농약가격, 과일의 짧은 저장수명, 빈약한 유통시스템
인 도	재배기술 부족, 병충해 빈발, 빈약한 수확 후 관리, 관개시스템 부족, 품종기반 빈약
방글라데시	품종기반 빈약, 짧은 수확(생산)기간, 부적절한 전정, 과수원 관리 등의 기술정보 결여
인도네시아	불규칙적인 개화와 결과, 짧은 수확(생산)기간, 재배기술 부족, 품종기반 빈약
필리핀	불규칙적인 개화와 결과, 고가의 재배비용, 재배를 위한 기술적 정보 결여, 관개시설 결여, 제한된 연구와 기술보급
호 주	북부지역의 불규칙적인 개화와 결과, 과일의 짧은 저장수명, 수확과 포장 비용, 과일의 갈색화와 부패에 민감한 품종

자료 : http://www.fao.org/docrep/005/ac681e/ac681e0c.htm#TopOfPage

리치 과일 시장의 확대를 위해서는 우선 고품질 리치의 생산량 증대 및 재배기술 개선, 리치 수확기간 확대, 새로운 수요시장 확보(새로운 수출국 출현) 등에 초점을 두어야 할 것이다. 그리고 분자육종을 포함한 더 많은 육종 연구를 통하여 보다 품질이 좋고 다수확 품종의 개발이 이루어져야 할 것이다. 뿐만 아니라 저장 및 수송과정에서의 기술 발전을 통하여 유통기간을 연장해야 한다. 따라서 연중무휴로 과일시장에 고품질 리치를 공급할 수 있는 시스템 구축이 필요하다. 또한 리치 시장의 구조조정도 필요한 실정이다. 현재 리치 수입국은 유럽이 대부분을 차지하고 있으며, 이들 대부분은 신선과일 형태로 유통되고 있다. 앞으로는 새로운 시장 개척, 새로운 품목, 새로운 포장, 유기농(Organic Agriculture) 등의 새로운 상품 개발이 필요하다.

참고문헌

Batten, D.J. and C.A. McConchie. 1995. Floral induction in growing buds of lychee (Litchi chinensis) and mango (Mangifera indica). Australian J. Pl. Physiol. 22:783-91.

Chakula, P. 2013. Health Benefits of Lychee Fruit. (http://pikachakula.com/health-benefits-of-lychee-fruit.html)

Chen, H. and H. Huang. 2000. China litchi industry : Development, achievements and problems. Abst. 1st Int. Symposium on litchi and longan. Guangzhou, China, p. 18.

Evans, E.A. and R.L. Degner. 2005. Recent development in world production and trade of lychee(*Litch chinensis*): Implications for Florida growers, Proc. Fla. State Hort. Soc. 118:247-249.

Evans, E.A, R.L. Degner, J. Crane, R. Rafie and C. Balerdi. 2004. Is it still profitable to grow lychee in South Florida. EDIS FE496, Dept. Food and Resource Econ., Univ. Fla., Gainesville.

FAOa, 2002, The lychee crop in Asia and the Pacific. Regional Office for Asia and the Pacific (RAP) of the Food and Agriculture Organization of the United Nations(FAO).

FAOb. 2002. Lychee production in the Asian-Pacific region. RAP Publ., Bangkok, Thailand.

Ghosh, B., S.K. Mitra and D. Sanyal. 2000. Litchi cultivars of West Bengal, India. Abst. 1st Int. Symposium on litchi and longan. Guangzhou, China, p. 25.

Ghosh, S.P. 2000. World trade in litchi : Past, present and future. Abst. 1st Int. Symposium on litchi and longan. Guangzhou, China, p. 16.

Li, J., H. Huang, F. Gao, X. Huang and H. Wang. 2000. An overview of the research in litchi fruit cracking. Abst. 1st Int. Symposium on litchi and longan. Guangzhou, China, p. 46.

Menzel, C. 2000. The physiology of growth and cropping in lychee. Abst. 1st Int. Symposium on litchi and longan. Guangzhou, China, p. 37.

Menzel, C. 2002. The development of the lychee industry in Australia. Acta Hort.(ISHS) 575:391-396. (http://www.actahort.org/books/575/575_44.htm)

Menzel, C. 2005. Litchi and longan: botany, production and uses. Wallingford, Oxon, UK: CABI Pub. p. 26. (http://books.google.com/books)

Menzel, C. and D.R. Simpson. 1989. The lychee nutrition story. Proc. Second Nat. Lychee Seminar, Cairns, Australia, pp. 49-58.

Menzel, C. and D.R. Simpson 1994. Lychee. In The Handbook of Environmental Physiology of Fruit Crops. Vol. II. Subtropical and Tropical. (B. Schaffer and P.C. Anderson, Eds.). CRC Press, Boca Raton, Florida, USA, pp. 123-141.

Menzel, C., T. Olesen and C.A. McConchie. 2000 Marketing profit from lychees in Australia. Proc. 5th National Lychee Conf., Twin Waters, Australia, pp. 5-15.

Mitra, S.K. and B. Ghosh. 1991. Description and performance of some lychee cultivars in West Bengal, India. Australian Lychee Yearbook, 1 : 64-70.

Mitra, S.K. and D. Sanyal. 2000. Effect of cincturing and some chemicals on flowering of litchi cv. Bombai. Abst. 1st Int. Symposium on litchi and longan. Guangzhou, China, p. 40.

Morton, J. 1987. Lychee. Fruits of Warm Climates, Julia F. Morton, Miami, FL. p. 249–259.

Nishihira, J., M. Sato-Ueshima, K. Kitadate, K. Wakame and H. Fujii. 2009. Amelioration of abdominal obesity by low-molecular-weight polyphenol (Oligonol) from lychee, J. Funct. Foods 1(4):341–348.

Olesen, T., C. Menzel, N. Wiltshire and C.A. McConchie. 2000. Manipulating flushing cycles and flowering in lychee. Proc. 5th National Lychee Conf., Twin Waters, Australia, pp. 47-52.

Singh, H.P. 1998. Genetic Diversity, Breeding and Utilisation of the Genepool of Litchi. Tropical Fruits in Asia (Arora and Rao Eds) IPGRI. 171-184.

Waite, G.K. and J.D. McAlpine. 1992. Honey bees as carriers of lychee erinose mite Eriophyes litchii(Acari: Eriophyiidae). Experimental and Applied Acarology 15:299-302.

Wu, S.X. 1998. Encyclopaedia of China Fruits : Litchi. China Forestry Press, Beijing.

Yapwattanaphun, C. and S. Subhadrabandhu. 2000. Litchi cultivars in Thailand. Abst. 1st Int. Symposium on litchi and longan. Guangzhou, China, p. 24.

Zhang, Z. W., Yuan, P. Y., Wang, B. Q. and Qui, Y. P. 1997. Litchi Pictorial Narration of Cultivation. Pomology Research Institute, Guangdong Academy of Agricultural Science(no page numbers).

http://anunbalanced.blogspot.kr/2011/11/lychee-netting.html
http://avrotor.blogspot.kr/2012/08/dr-abe-v-rotor-this-is-series-of.html
http://berkebundirumah.blogspot.kr/2011_01_01_archive.html
http://bie.ala.org.au/species/Xylotrupes+gideon
http://blog.daum.net/huoguo/1654685
http://booksonbali.com/fruits-of-bali/
http://business.mega.mu/2012/11/01/harvest-2012-first-season-lychee-rs-800-kilo/
http://cafe.naver.com/shoeschina/4
http://chaudron.blogspot.kr/2009/11/scarab-beetles-allomyrina-dichotoma.html
http://commons.wikimedia.org/wiki/File:Lichu.JPG
http://commons.wikimedia.org/wiki/File:Litchi_sinensis_flowers_02.JPG
http://duyanh.org/
http://en.wikipedia.org/wiki/Lychee
http://en.wikipedia.org/wiki/Tessaratomidae
http://evgrieve.com/2011/07/innocent-east-village-neighborhood.html
http://flickrhivemind.net/Tags/hawaii,pests/Interesting
http://forestryimages.org/browse/detail.cfm?imgnum=5112030
http://forestryimages.org/browse/detail.cfm?imgnum=5112036
http://forums.gardenweb.com/forums/load/flgard/msg072045255509.html
http://forums.gardenweb.com/forums/load/tropicalfruits/msg011944429321.html
http://forums.gardenweb.com/forums/load/tropicalfruits/msg0409254118139.html
http://healthbenefitstimes.com/9/uploads/2012/12/The-Emperor-lychee.jpg
http://growables.org/information/airlayeringlycheetree.htm
http://hopeengaged.blogspot.kr/2013/05/where-i-shopfresh-fruit-and-veggies.html
http://idingu.com/wp-content/uploads/2013/05/Health-Benefits-of-Litchi-or-Lychee.jpg
http://i115.photobucket.com/albums/n293/mikeyinfla/whitesapote.jpg
http://i16.photobucket.com/albums/b8/DeborahTmba/IMG_0750.jpg
http://matthartzell.blogspot.kr/
http://nvaboutfruitii.blogspot.kr/p/lychee.html
http://snoofy.name/lychee-fruit-tree%26page=4
http://squirrelsview.blogspot.kr/2009/10/leaf-rollers.html
http://toptropicals.com/catalog/uid/LITCHI_CHINENSIS.htm
http://trec.ifas.ufl.edu/tfphotos/063004.htm

http://upload.wikimedia.org/wikipedia/commons/1/19/Terai_nepal.jpg
http://wallpapersworldbd.blogspot.kr/2013/05/lychee-gift-of-nature.html
http://web.colby.edu/zgmitche/files/2011/05/China_map.jpg
http://weloveourbangladesh.blogspot.kr/2011/01/asian-palm-fruit-kochi-tal.html
http://worldofmites.wordpress.com/2010/06/01/aceria-litchii/
http://1.bp.blogspot.com/-8zuNBHbcjoQ/TV6DskhF_QI/AAAAAAAAADc/6_evBqmq7Sc/s1600/blog+2.1.jpg
http://1.bp.blogspot.com/_9XFRRzl6aZ4/SwbflEvcjEI/AAAAAAAAAA0/2RzKNZjaGPA/s1600/Thailand_map_v2.gif
http://www.actahort.org/books/575/575_44.htm
http://www.agfg.com.au/guide/recipes/recipe/lychee-martini-
http://www.aprairiehaven.com/?page_id=8415
http://www.ars.usda.gov/SP2UserFiles/Place/53200365/litchi/HLIT6W.jpg
http://www.bitterrootrestoration.com/litchi/litchi-stem-end-borer-conopomorpha-sinensis.html
http://www.bitterrootrestoration.com/plant-pathology/Page-3.html
http://www.buyfruit.com.au/salathiel-lychees
http://www.cerambycoidea.com/foto.asp?Id=32
http://www.chineseinterpreter.net/Guangzhou/?post=46
http://www.crfg.org/pubs/ff/lychee.html
http://www.ctahr.hawaii.edu/fb/lychee/lychee.htm
http://www.daff.qld.gov.au/plants/fruit-and-vegetables/a-z-list-of-horticultural-insect-pests/fruit-piercing-moth
http://www.daleysfruit.com.au/my/myedibles/fruit/macadamia/
http://www.dpi.vic.gov.au/agriculture/pests-diseases-and-weeds/plant-diseases/fruit-diseases/stone-fruit-diseases/collecting-soil-and-plant-samples-for-nematode-analysis
http://www.evisa-vietnam.com/resources/blog/item/1090-the-lychees-of-thanh-ha-hai-duong
http://www.fao.org/docrep/005/AC681E/ac681e09.htm
http://www.fao.org/docrep/005/AC684E/ac684e04.htm
http://www.fao.org/docrep/005/AC684E/ac684e06.htm
http://www.fao.org/docrep/005/AC684E/ac684e07.htm
http://www.fao.org/docrep/005/AC684E/ac684e08.htm
http://www.fao.org/docrep/005/AC684E/ac684e09.htm

http://www.fao.org/docrep/005/AC684E/ac684e0a.htm

http://www.fao.org/docrep/005/AC684E/ac684e0b.htm

http://www.fao.org/docrep/005/AC684E/ac684e0c.htm

http://www.fao.org/docrep/005/ac681e/ac681e0c.htm#TopOfPage

http://www.fao.org/docrep/005/ac684e/ac684e0d.htm

http://www.flickr.com/photos/angelacoles/2725664026/

http://www.forestryimages.org/browse/detail.cfm?imgnum=5403527

http://www.freshforkids.com.au/fruit_pages/lychee/lychee.html

http://www.freshplaza.com/news_detail.asp?id=45283

http://www.freshplaza.com/news_detail.asp?id=46011#SlideFrame_1

http://www.freshplaza.com/news_detail.asp?id=95857

http://www.gettingaround.net/test/pages/poc-philippines.php

http://www.hawaiifruit.net/lycheebrix2/pages/brewster1.htm

http://www.insectdealer.de/asien_ceram_1.html

http://www.juicebenefits.net/lychee

http://www.justmaps.org/maps/images/india/india-map4.gif

http://www.kohphiphithailand.com/lychee-fair.php

http://www.korabstyle.com/

http://www.lib.utexas.edu/maps/middle_east_and_asia/indonesia_pol_2002.jpg

http://www.lichisuperfruit.com/category/lychee-2/

http://www.lifeofguangzhou.com/node_10/node_35/node_524/2009/06/19/124540349566086.shtml

http://www.lifeunseen.com/index2_item_3176.php

http://www.lonelyplanet.com/maps/asia/vietnam/map_of_vietnam.jpg

http://www.lushass.com/wp-content/uploads/2012/05/dougInTree.jpg

http://www.lycheefruitstore.com/current.html

http://www.lycheesonline.com/photo.cfm?pid=18

http://www.lycheesonline.com/photo.cfm?pid=144

http://www.lycheesonline.com/photo.cfm?pid=154

http://www.map-of-australia.us/australia-map-720.jpg

http://www.msmedia.com.au/biology/nemapix1b.htm

http://www.nationsonline.org/maps/bangladesh_map.jpg

http://www.nationsonline.org/maps/south_east_asia_map.jpg
http://www.philrealty-showroom.com/realestatepropertyphilippines/lvb-1/Victoria-Fruit-Orchard-Farm-Lot-LVB1
http://www.sanyaweb.com/sanya_map/images/chinaMap.gif
http://www.science.oregonstate.edu/bpp/Nematodes/central_Oregon_crops.htm
http://www.sciencephoto.com/media/414061/view
http://www.sonirodban.com/thailand-top-car-exporter-to-reunion.html
http://www.stuartxchange.com/Litsiyas.html
http://www.taste.com.au/recipes/28008/lychee+mango+coconut+terrine
http://www.thaimartaustralia.com.au/product.php?id_product=166&id_lang=7
http://www.thegeminigeek.com/how-to-get-rid-of-leaf-rollers/
http://www.theguardian.com/news/2013/jun/11/picture-desk-live-the-best-news-pictures-of-the-day
http://www.topguilintravel.com/pic/guilin-map/map-of-china.jpg
http://www.tropicalfruitnursery.com/lychee/pages/Bengal.htm
http://www.tropicalfruitnursery.com/lychee/pages/Brewster.htm
http://www.tropicalfruitnursery.com/lychee/pages/Emperor.htm
http://www.tropicalfruitnursery.com/lychee/pages/Hak%20Ip.htm
http://www.uq.edu.au/_School_Science_Lessons/Foodgardens2.html
http://www.welnepal.org/images/home/nepalMap_India.png
http://www.whatiscalled.com/fruit-names/lychee_in_nepali/
http://www.wildaboutbritain.co.uk/pictures/showphoto.php/photo/110438(http://www.fcps.edu/islandcreekes/ecology/goldenrod_gall_fly.htm
http://www.worldofstock.com/stock-photos/florida-gulf-coast-lee-county-pine-tropical/PWO2158
http://www.123rf.com/photo_10294139_thai-lychee-in-the-garden.html
http://www.21food.com/products/chinese-fresh-baila-lychee-357616.html
http://www.39kf.com/medicine/pro/zy/GAP/bch/02/2006-03-27-180885.shtm

■ 저자

장덕기 (Duk-Ki Jang)
Kyushu University 농업경제학 박사
전남발전연구원 책임연구위원

박준근 (Joon-Keun Park)
University of Tennessee 농업경제학 박사
전남대학교 농업생명과학대학 농업경제학과 명예교수

안기완 (Ki-Wan An)
Hokkaido University 산림정책학 박사
전남대학교 농업생명과학대학 산림자원학부 임학전공 교수

안영상 (Young-Sang Ahn)
Hokkaido University 산림환경보전공학 박사
전남대학교 농업생명과학대학 산림자원학부 임학전공 조교수

열대과일 시리즈 Ⅳ

리치 LYCHEE

인쇄 | 2013년 11월 20일
발행 | 2013년 11월 25일

저 자 | 장덕기 · 박준근 · 안기완 · 안영상
Duk-Ki Jang, Joon-Keun Park, Ki-Wan An, Young-Sang Ahn

발행처 | 전남발전연구원

판매처 | 전남대학교출판부
등 록 | 1981. 5. 21. 제53호
주 소 | 500-757 광주광역시 북구 용봉로 77
전 화 | (062) 530-0571~3
팩 스 | (062) 530-0579
홈페이지 | http://www.cnup.co.kr

값 15,000 원

ISBN 978-89-6849-066-8 (93520)

이 도서의 국립중앙도서관 출판시도서목록(CIP)은 e-CIP홈페이지(http://www.nl.go.kr/ecip)와 국가자료공동목록시스템(http://www.nl.go.kr/kolisnet)에서 이용하실 수 있습니다.
(CIP제어번호: CIP2013024923)